원두에서 장비까지   전문가가 알려주는   실전 운영 가이드

어쩌다 카페

VICKYBOOKS

어쩌다 카페

원두에서 장비까지 전문가가 알려주는 실전 운영 가이드

초판 1쇄 발행 2025년 6월 1일
지은이 김석일, 김두성, 김형찬, 표자성
펴낸이 우승아
디자인 이주연, 황예림, 김은하
펴낸곳 VICKYBOOKS
출판등록 제2023-000289호
주소 서울특별시 마포구 양화로 81, H Square 4층 440호
이메일 vickybooks@vw.studio
ISBN 979-11-987267-4-2

추천사

커피는 물론, 카페 운영과 장비에 대한 핵심 내용을 그림으로 쉽게 풀어내, 처음 시작하는 분들도 부담 없이 이해할 수 있다. 바리스타를 꿈꾸거나 카페 창업을 준비하는 예비 사장님이라면, 이 책을 통해 실질적인 운영 감각과 방향을 잡을 수 있을 것이다.

주안대학원대학교
평생교육원장 겸 교수 이승병

카페 운영에 필요한 기본적인 지식부터 실전에서 바로 활용할 수 있는 팁까지 폭넓게 담겨 있다. 개인 카페는 물론, 프랜차이즈를 운영하는 사장님에게 필요한 정보가 가득하며, 카페 관련 비즈니스를 준비하는 분에게도 훌륭한 길잡이가 되어줄 것이다.

엘카페 커피로스터스
대표 양진호

카페에서 사용하는 다양한 장비에 대한 정보는 물론, 구매 시 유의할 점과 효율적인 관리 방법까지 상세하게 소개되어 있다. 초보 바리스타는 물론, 창업을 준비 중인 예비 사장님이나 이미 매장을 운영 중인 분들 모두 장비를 이해하는 데 큰 도움이 될 것이다.

커피머신, 주방기구 전문
싱싱코리아 대표 김석호

현장에서 겪을 수 있는 다양한 상황을 실제 사례 중심으로 풀어내 실용성을 높였다. 모든 내용을 그림으로 표현해 바쁜 매장에서도 빠르게 참고할 수 있으며, 예비 창업자와 초보 바리스타 모두에게 든든한 안내서가 되어줄 것이다.

유튜버, 커피의 신 기욱
신기욱

프롤로그

나는 원래 커피에 관심이 없었다. 카페는 '미팅하는 장소', 아메리카노는 '카페에서 가장 저렴한 음료'이었고, '이렇게 쓴 물을 왜 마시는 걸까?' 하는 의문도 들었었다. 어느 무더운 여름날, 지인을 따라 방문한 카페에서 한 잔의 아이스 커피를 마셨다. 그 커피는 내가 알던 커피와는 완전히 달랐다. 입안에서 퍼지는 상큼하고 화사한 산미, 부드러운 목 넘김, 은은한 꽃향기와 과일 향… '이게 정말 커피라고?' 그 한 잔이 내 인생을 바꿀 줄은 상상도 못 했다. 그렇게 커피에 빠져들었고, 정신을 차려보니 어느새 카페 사장이 되어 오픈을 앞두고 있었다. 갑자기 현타가 밀려왔다. 유튜브와 지인을 통해 얻은 알량한 커피 지식으로 과연 카페를 운영할 수 있을까? "도대체 내가 무슨 짓을 한 거지?"

창업의 현실은 예상보다 훨씬 복잡했다. 컵 하나, 메뉴판 위치, 가격 책정, 포장 용기까지 사소한 모든 것이 고민거리였다. 홍보도 해야 했지만, 하루 종일 일하고 나면 휴대폰을 터치할 힘조차 남아 있지 않았다. 그렇게 하루하루를 버티다 보니 단골도 생기고 카페에도 조금씩 활기가 돌았지만 수익은 처참했다. 결국 가게를 넘기고 다시 고민에 빠졌다. 커피를 포기할 수는 없었다. 그러던 중 커피머신 전문 엔지니어를 만나 커피머신에 대해 배우기 시작했다. 그를 따라다니며 창업하는 카페들의 커피머신 설치와 수리를 도왔다. 창업을 준비하고 오픈을 앞둔 사장님들을 만나면, 그들의 눈빛에선 과거의 내 모습이 보였다.

"도대체 내가 무슨 짓을 한 거지?"

예비 카페 사장님과 초보 바리스타를 위한 책

밖에서 카페를 보면 커피를 내리고 서빙하는 일이 세상 단순해 보인다. 커피머신의 버튼만 누르면 자동으로 커피가 추출되고, 정해진 레시피에 따라 음료를 만드니 특별한 기술이 없어도 쉽게 할 수 있을 것 같다. 막상 창업을 하면 인테리어, 장비 구입, 메뉴 개발, 운영, 홍보까지 고민할 게 끝없이 쏟아진다. 우아하게 물 위를 떠다니는 백조가 물속에서는 쉼 없이 발을 움직이는 것처럼, 카페 운영도 겉보기와는 달리 결코 만만한 일이 아니다.

커피머신의 설치와 수리를 도우며 지난 3년간 전국의 수많은 카페를 방문했다. 그 과정에서 깨달은 건, 성공하는 카페는 철저히 준비한다는 것이었다. 커피에 대한 이해, 디저트, 실전 경험은 물론 운영 마인드까지 준비된 사장님과 그렇지 않은 사장님의 차이는 크다. 카페 창업에는 적지 않은 돈이 들어간다. 준비 없이 시작하면 금방 빈털터리가 될 수도 있다. 그래서 경험과 공부가 필수다. 특히, 커피를 이해하는 것이 중요하다. 원두의 특성과 로스팅도 알고 있어야 하고 다양한 추출 방식에 따른 연구는 물론 이에 따를 레시피도 연구해야 한다. 그리고 가능하다면 여러 카페에서 많은 시간 동안 아르바이트를 해보길 추천한다. 커피를 좋아하는 것과 카페에서 일하는 것은 완전히 다르기 때문이다.

이 책은 직접 창업을 준비하며 고민했던 점, 폐업 후 얻은 깨달음, 그리고 설치·수리를 다니며 만난 카페 사장님들이 절실히 필요로 했던 내용을 정리하여 책으로 엮었다. 이 책에는 카페 마케팅이나 일반적인 운영 노하우, 창업 관련 내용은 담겨 있지 않다. 대신, 바리스타와 예비 창업자, 그리고 카페를 운영 중인 사장님이 반드시 알아야 할 핵심 내용을 담고 있다. 특히, 에스프레소에 대한 이해는 카페를 운영하는데 너무 중요한 부분이며 제대로 된 커피 전문점을 만드는 데 필수이다.

준비를 통해 성공하는 카페가 되시길 응원합니다!

커피와 관련된 일을 하는 많은 사람이 한 번쯤 꿈꾸는 것이 바로 카페 창업이다. '내가 하면 성공할 것 같은데', '돈을 벌 수 있을 것 같은데'라는 기대를 하지만, 현실은 생각보다 훨씬 복잡하다. 오랜 기간 준비했다고 하더라도 카페 창업과 운영은 쉽지 않다. 카페는 트렌드에 민감하기 때문에 조금이라도 발빠르게 대처하지 않으면 선수를 빼앗기게 되고 이는 곧 매출에 타격을 입게 된다. 성공의 기준은 각자 다르지만 끊임없는 준비와 도전은 고객의 재방문을 이끌어 내고, 이는 결국 매출로 연결된다. 카페 창업은 어렵지만, 그만큼 보람도 크다. 철저한 준비로 성공적인 카페를 만들어 가시길 진심으로 응원한다.

저자 김석일, 김두성, 김형찬, 표자성

CONTENTS

Chapter 02.

커피의 맛을 결정짓는
로스팅

Chapter 03.

다양한 커피 추출 방법들

Chapter 04.

바리스타 필수!
에스프레소 추출의 모든 것

Chapter 05.

에스프레소를 활용한
다양한 음료 만들기

Chapter 06.

성공을 위한 카페 장비의 모든 것

초보 사장님과 초보 바리스타를 위한
카페 운영 Q&A

바리스타와 사장님 필수,
꼭 알아할 내용

이것만은 꼭!
알고 가세요~

이 책을 보는 방법

이 책은 카페 창업과 운영에 궁금한 정보를 쉽고 빠르게 찾아볼 수 있도록 구성되어 있습니다. 각 장은 카페 창업과 운영에 필요한 핵심적인 주제를 다루고, 실용적인 팁과 조언도 함께 제공합니다. 기존의 커피 관련 실용서와 달리, 일러스트만으로 구성되어 있어 초보자도 커피 관련 상황과 과정 등을 쉽게 이해할 수 있습니다.

본문

본문은 창업과 운영에 필요한 핵심적인 주제들을 체계적으로 다루고 있으며, 독자가 쉽게 이해할 수 있도록 간결한 내용과 직관적인 그림으로 구성되어 있습니다.

1. 직관적으로 내용을 전달하는 제목입니다.

2. 이 섹션에서 배워야 할 내용을 간략하게 요약하여 제공합니다.

3. 내용을 상세히 설명하는 본문입니다.

4. '두지'를 활용해 핵심 정보를 쉽게 이해할 수 있도록 돕습니다.

5. 일러스트를 통해 독자가 쉽게 이해할 수 있도록 시각적으로 지원합니다.

6. 유용한 정보를 팁 형식으로 효과적으로 전달합니다.

두지

두지는 커피를 좋아하는 두더지로 이 책에서 중요한 정보를 친절하고 섬세하게 알려주는 든든한 친구입니다!

- 바리스타(초보 사장님)가
알아야 하는 이유

바리스타는 전문성과 신뢰를 구축
하고, 원두별 최적의 추출법을 선택
하며, 장비 문제를 해결할 수 있는
역량을 갖춰야 합니다. 바리스타가
왜 다양한 지식을 배워야 하는지를
설명합니다.

- 명칭과 기능 설명

장비의 명칭과 기능을 정확히 이해
하는 것은 바리스타나 엔지니어와
원활하게 의사소통할 수 있는 기초
가 되며, 이를 통해 다양한 작업을
효율적으로 처리할 수 있습니다.

- 초보 사장님과 초보 바리스
타를 위한 카페 운영 Q&A

카페 창업, 원두 선택, 메뉴 구성, 장
비 운영과 선택 등 카페를 창업하고
운영하기 위해 사장님들이 가장 궁
금해하는 질문들을 질문과 답 형식
으로 정리했습니다.

Chapter 01.

맛있는 커피의 시작
원두 이야기

커피는 전 세계에서 많은 사랑을 받는 음료로, 그 맛과 향은 여러 가지 요소에 의해 만들어집니다. 바리스타가 커피 원두에 대해 잘 이해하고 있으면, 고객에게 더욱 풍성하고 만족스러운 커피 경험을 선물할 수 있죠. 그런 이유로 원두에 대한 공부는 정말 중요합니다. 이번 Chapter에서는 맛있는 커피를 만들기 위해 꼭 알아야 할 원두에 대해 다양한 내용을 알아보겠습니다.

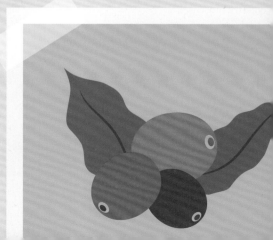

바리스타가 원두를 알아야 하는 이유

바리스타가 커피의 재배와 구조, 가공법 등에 대해서 이해하는 것은 커피의 품질, 맛 그리고 추출 방식에 대한 깊은 이해를 통해 고객에게 더 좋은 커피를 제공할 수 있기 때문이다.

❶ 커피의 맛과 향 이해

커피는 생산지에 따라 그 맛과 향이 독특하게 다릅니다. 예를 들어, 에티오피아 커피는 과일 향과 꽃 향이 가득하고, 브라질 커피는 초콜릿과 견과류의 풍미를 갖고 있습니다. 같은 산지의 원두라고 해도 가공법에 따라 맛이 달라지는데, 예를 들어 워시드 방식으로 가공한 커피는 깔끔하고 산뜻한 맛이 나고, 내추럴 방식으로 가공한 커피는 풍부하고 과일 같은 향이 강조됩니다. 이런 차이를 이해하면 바리스타는 고객의 취향에 맞는 원두를 쉽게 추천할 수 있습니다.

❷ 커피 품질 관리와 결점두 식별

원두의 결점은 커피 맛에 큰 영향을 미칩니다. 예를 들어, 발효나 가공 과정에서 문제가 생기면 쓴맛이나 이상한 맛이 날 수 있고, 벌레가 먹은 원두는 불쾌한 맛과 냄새를 만들어냅니다. **고품질 커피는 이런 결점이 거의 없기 때문에, 결점을 잘 구별하는 능력이 중요합니다.** 또한, 원두의 특성과 가공 방식에 따라 신선도가 유지되는 기간이 달라집니다. 신선하게 원두를 관리하는 방법을 알고 있으면 바리스타는 최상의 상태로 고객에게 커피를 제공할 수 있습니다.

❸ 최적의 커피 추출을 위한 지식

커피는 원두의 특성에 따라 추출 방식이 달라지는데 산미가 강한 커피는 추출 온도를 높이면 산미가 부드럽게 조절됩니다. 반면, 쓴맛이 강한 커피는 추출 시간을 조절하여 더욱 깊고 풍부한 맛을 끌어낼 수 있습니다. 커피의 농도, 원두 분쇄도, 추출 시간 등의 관계를 이해하고 산지와 가공법에 맞게 추출 방법을 조정하면 더 맛있는 커피를 만들 수 있습니다.

❹ 고객의 다양한 취향에 맞춘 추천 가능

바리스타는 고객의 취향에 맞는 원두를 추천할 수 있습니다. 원두의 생산지나 가공 방식에 따라 커피 맛이 달라지므로, 고객이 선호하는 맛을 고려해 선택하면 됩니다. 예를 들어, 과일 향과 산미를 좋아하는 고객에게는 에티오피아 내추럴 커피, 진하고 묵직한 맛을 선호하는 고객에게는 브라질이나 과테말라 커피를 추천할 수 있습니다. 원두의 특징과 유래를 함께 설명하면 고객이 더 쉽게 이해하고, 커피를 마시는 즐거움도 커질 것입니다.

❺ 전문성 향상과 신뢰 구축

바리스타가 원두에 대해 잘 알고 있으면 고객은 더 큰 신뢰와 만족감을 느낍니다. 이 신뢰는 카페의 이미지를 좋게 만들고, 고객이 다시 방문하는 데도 큰 역할을 합니다. 결국, 매출에도 긍정적인 영향을 주죠. 또한, 바리스타는 커피 문화를 전하는 중요한 역할을 합니다. 원두에 대한 지식을 바탕으로 고객과 더 깊이 소통하고, 커피를 더 잘 이해하고 즐길 수 있도록 도와줄 수 있습니다.

커피 맛과 향을 좌우하는 다섯 가지

맛있는 커피의 기준은 사람마다 다르지만, 커피의 맛과 향을 결정하는 몇 가지 공통된 요소가 있다.
이를 통해 커피의 매력을 더 깊이 이해할 수 있다.

첫째, 원두의 품질

커피는 커피나무의 열매에서 얻는 농산물로 품질은 다양한 요인에 따라 달라집니다. 예를 들어, 원두의 품종, 재배 지역의 기후, 강수량, 고도, 재배 방법, 수확 시기, 그리고 가공 방식 등이 커피의 맛과 향에 큰 영향을 줍니다. 정성껏 재배되고 가공, 건조된 원두는 추출할 때 균형 잡힌 맛과 풍부한 향을 만들어 냅니다. 결국, **맛있고 향기로운 커피의 가장 중요한 비결은 품질 좋은 원두입니다.**

둘째, 로스팅

로스팅은 맛이나 향이 없는 생두를 물리적, 화학적으로 변화시키는 중요한 과정으로 로스팅을 통해 커피의 특성이 나타나게 됩니다. 로스팅이 약할수록 커피는 밝고 산미가 강조되고, 강할수록 깊고 쓴맛이 강해집니다. **적절한 로스팅은 원두의 특성을 잘 살려주지만** 너무 과하거나 부족하게 로스팅 하면 커피의 맛과 품질이 떨어질 수 있기 때문에 세심한 주의가 필요합니다.

셋째, 추출 방법

로스팅 된 원두를 추출하는 방법은 크게 침지식, 여과식, 압력식으로 나눌 수 있습니다. 대부분의 카페에서 사용하는 에스프레소 머신은 압력식 추출 방식이며, 핸드드립이라고 불리는 브루잉 추출은 여과식 추출 방법에 해당합니다. 같은 원두라도 추출 방법에 따라 커피의 맛과 향이 확연히 달라질 수 있기 때문에 **원두에 맞는 추출 방법을 선택하는 것이 중요**합니다.

넷째, 분쇄도

커피 추출에서 분쇄도는 추출 속도와 커피 맛에 큰 영향을 미치므로, **추출 방법에 맞는 적절한 분쇄도를 사용하는 것이 매우 중요**합니다. 밀가루처럼 고운 분쇄도는 압력을 사용하는 추출 방식(예: 에스프레소)에 적합하고, 중간 정도 굵기의 분쇄도는 브루잉 추출에 적합합니다. 분쇄도가 너무 고우면 과다 추출이 일어나고, 반대로 너무 굵으면 과소 추출이 되어 커피 맛이 달라질 수 있습니다. 따라서 추출 방식에 맞는 분쇄도를 선택하는 것이 맛있고 균형 잡힌 커피를 만드는 핵심입니다.

다섯째, 물의 품질

커피의 98%는 물로 이루어져 있어서 **물의 품질과 특성은 커피의 맛과 향에 큰 영향을 미칩니다.** 물속의 미네랄, 칼슘과 마그네슘은 커피의 맛을 풍부하고 균형 있게 만들어 주며, 향미에도 중요한 역할을 합니다. 물의 pH 수준도 커피의 맛에 영향을 미치는데, 약산성의 물이 커피에 가장 이상적입니다. 이 외에도 물의 온도, 사용 비율, 압력, 신선도 역시 커피 맛에 영향을 미치므로, 좋은 품질의 물을 사용하고 세심하게 관리해야 커피의 풍미를 최상으로 끌어낼 수 있습니다.

커피에 녹아 있는 성분은 총 용존 고형물(TDS)로 측정해요.

커피의 품종

우리가 마시는 커피 원두는 크게 '아라비카'와 '로부스타' 두 종류로 나뉜다. 에티오피아에서
아라비카 원두의 재래종이 발견되었고, 이후 돌연변이와 교배를 통해 다양한 품종이 개발되고 있다.

커피 열매

커피는 커피나무의 열매에서 얻어진 씨앗으로, 이 열매가 빨갛게 익으면 체리처럼 보이기 때문에 '커피 체리'라고 불
립니다. 커피 체리 안에는 우리가 마시는 커피의 씨앗, 즉 '커피콩'이 들어있습니다. 커피콩은 로스팅 여부에 따라 두
가지로 나눠지는데, **로스팅하지 않은 커피콩은 '생두'라고 하고, 로스팅한 커피콩은 '원두'라고** 부릅니다. 영어로는
'빈(Bean)'이라고 하는데, 카페 간판에서 자주 보아왔던 '빈'이 말이 바로 커피콩을 의미하는 단어입니다. 생두는 연
한 녹색을 띠기 때문에 영어로는 '그린빈(Green Bean)'이라고도 불립니다.

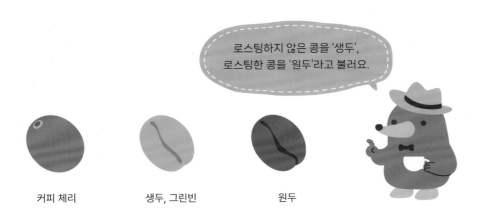

로스팅하지 않은 콩을 '생두',
로스팅한 콩을 '원두'라고 불러요.

커피 체리   생두, 그린빈   원두

커피의 학명

'커피'라는 단어는 커피나무의 학명에서 유래한 것인데, 사람을 인종에 따라 구분하듯, 커피나무도 종류에 따라 구분할 수 있습니다. 커피나무는 꼭두서니과에 속하는 Coffea 속의 식물로, 크게 '아라비카(Arabica)'와 '카네포라(Canephora)' 두 가지 종으로 나눠집니다.

아라비카 종의 기본 품종은 '티피카(Typica)'인데, 이 품종에서 다양한 돌연변이와 교배가 일어나며 여러 품종들이 탄생했습니다. 반면, 카네포라 종은 보통 '로부스타(Robusta)'라고 알려져 있으며, 일상적으로는 이 이름이 더 자주 사용되고 있습니다.

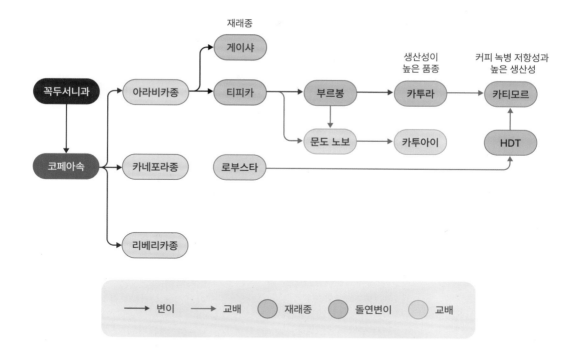

커피의 대표 품종, 아라비카와 로부스타

'아라비카'는 세계에서 가장 많이 소비되는 커피 품종으로, 전체 커피 생산량의 60~70%를 차지합니다. 이 품종은 서늘한 기후인 15~24°C와 해발 1,000~2,000m의 고산지대에서 자라며, 낮은 온도, 충분한 강수량이 필요해 재배가 까다롭습니다. 이러한 조건과 환경 덕분에 아라비카는 고급 커피로 분류되며, 일부 고급 아라비카 생두는 1kg에 100만 원을 넘는 가격에 거래되기도 합니다.

'로부스타'는 카네포라 종 중 가장 많이 생산되는 품종으로, 전 세계 커피 생산량의 30~40%를 차지합니다. 로부스타는 24~30°C의 따뜻하고 습한 기후와 해발 700m 이하의 낮은 지역에서 잘 자라며, 병충해에 강해 브라질, 베트남, 인도네시아 등지에서 주로 재배됩니다. 아라비카 종보다 쓴맛이 강하고 향미는 다소 약하지만, 대량 생산이 가능하고 가격이 저렴하여 강배전 에스프레소나 블렌드, 인스턴트 커피 등에 사용됩니다.

아라비카

로부스타

'리베리카'는 서아프리카 라이베리아가 원산지인 품종으로, 전 세계 커피 생산량에서 약 1%를 차지합니다. 생산량이 적고 대부분 현지에서 소비되기 때문에, 일반적으로 커피 품종을 이야기할 때는 대부분 '아라비카'와 '로부스타'가 언급됩니다.

아라비카와 카네포라의 품종 비교

품종	아라비카	카네포라
원산지	에티오피아	콩고
주요생산국가	브라질, 코스타리카, 콜롬비아	인도, 베트남, 브라질
재배고도	1,000~2,000m 고지대	700m이하 저지대
적정 기온	15~24도 (서늘함)	24~30도 (따뜻함)
적정 강수량	1,500~2,000ml	2,000~3,000ml
평균 카페인 함유량	0.6~1.4%	1.8~4%
생산량	60~70%	30~40%
특징	• 병충해에 약하다 • 기후나 토양에 민감하다 • 재배하기가 까다롭다	• 병충해에 강하다 • 산출량이 많다 • 생산 비용이 저렴하다
풍미	과일향, 시트러스 계열의 산미, 다양한 향미, 좋은 신맛과 단맛	강한 쓴맛, 약한 향미, 강한 바디감, 고소한 맛
용도	드립 커피, 스페셜티 커피	인스턴트 커피, 블렌딩용, 에스프레소 추출용

품종에 따른 커피 생두의 크기

생두의 크기는 품종, 생산지, 재배 방식에 따라 다양합니다. 생두의 크기가 커피의 품질과 맛에 직접적인 영향을 미치는 것은 아니지만, 일반적으로 크기가 큰 생두일수록 향이 풍부하고 부드러운 맛을 내는 경향이 있다고 알려져 있습니다. 이 때문에 일부 생산자들은 특정 크기의 생두를 선호하고, 수확 후 생두 크기를 정교하게 분류하기도 합니다.

🫘 아라비카 생두 크기: 크기가 크며, 보통 17~19 스크린 사이즈(1/64인치 단위)이다.

🫘 로부스타 생두 크기: 크기가 작으며, 보통 12~16 스크린 사이즈이다.

대표적인 아라비카 원두 품종들

티피카 Typica

아라비카 커피 중에서 가장 오래된 기본 품종으로 부드럽고 균형 잡힌 맛과 낮은 산미, 중간 단맛이 특징입니다. 과일, 초콜릿, 꽃 향이 복합적으로 어우러지지만, 내병성이 낮아 해충과 질병에 약합니다. 원산지는 에티오피아이며, 현재는 중앙아메리카와 아시아에서도 재배되고 있습니다.

문도 노보 Mundo Novo

초콜릿, 견과류, 캐러멜의 풍부한 단맛과 산미가 조화를 이루는 품종으로, 병충해와 기후 변화에 강해 재배와 관리가 쉽습니다. 브라질에서 처음 발견되었고 중남미 여러 나라에서 재배되고 있으며, 중저지대에서 안정적으로 자라는 특징이 있습니다. 수확량이 많아 커피 농가에서 인기가 높은 품종입니다.

카투아이 Catuai

적당한 산미와 두드러진 단맛, 균형 잡힌 맛과 부드러운 풍미 속에 초콜릿과 견과류 향이 특징입니다. 1940년대 브라질에서 카투라와 문도 노보를 교배해 개발되었으며 병충해에 강하고 바람에 잘 견딥니다. 브라질, 콜롬비아, 코스타리카 등 중남미에서 재배되며 고지대와 저지대 모두에서 잘 자랍니다.

HDT Hybrid de Timor

HDT는 아라비카와 로부스타가 자연적으로 교배되어 탄생한 하이브리드 품종으로, 뛰어난 질병 저항성과 환경 적응력을 자랑합니다. 1920년대 동티모르에서 처음 발견되었으며, 로부스타의 강렬한 바디감과 아라비카의 균형 잡힌 향미가 어우러져 묵직하고 풍부한 맛을 제공합니다. 주로 브라질, 인도네시아, 중앙아메리카 등 커피 녹병 문제가 있는 지역에서 재배됩니다.

부르봉 Bourbon

고소하고 달콤한 맛에 과일 같은 풍미와 중간 산미가 조화를 이루며, 초콜릿과 캐러멜의 단맛이 돋보이는 원두로 스페셜티 커피에서 인기가 높습니다. 티피카종보다 내병성은 강하지만 여전히 병충해에 취약해 세심한 관리가 필요합니다. 프랑스 식민지였던 부르봉 섬에 전파되어 '부르봉'이라는 이름이 붙었습니다.

카투라 Caturra

부르봉의 돌연변이 품종으로 높은 산미와 밝은 과일향이 특징입니다. 깔끔하고 경쾌한 맛과 부드러운 단맛, 적당한 바디감을 지니며, 밀집 재배가 가능해 수확량이 많습니다. 그러나 병충해에 취약해 주기적인 관리가 필요하고 주로 중남미 국가에서 재배되고 있습니다.

카티모르 Catimor

아라비카와 로부스타를 교배해 탄생한 하이브리드 품종으로, HDT와 카투라를 결합하여 만들어졌습니다. 커피 녹병에 강하고 생산성이 높으며 부드러운 산미와 묵직한 바디감, 초콜릿, 견과류, 스파이스 풍미가 어우러진 깊은 맛을 자랑합니다. 병충해에 강하고 수확량이 풍부해 인도네시아, 베트남, 브라질, 콜롬비아 등에서 재배됩니다.

게이샤 Geisha

에티오피아에서 유래한 아라비카 커피 재래종으로 파나마에서 재배되며 세계적으로 명성을 얻었습니다. 꽃향기, 과일, 차를 연상시키는 섬세한 향과 조화로운 맛이 특징이며, 단맛과 산미가 균형을 이룹니다. 파나마, 에티오피아, 코스타리카, 엘살바도르 등에서 재배되며 특히 파나마산 게이샤는 세계적으로 큰 인기를 끌고 있습니다.

커피나무의 재배

커피나무를 재배하려면 잘 정비된 건강한 땅이 필요하다.
이 땅에 커피 씨앗을 심고 난 뒤 여러 과정을 거쳐 커피 열매를 얻을 수 있다.

① 씨앗 준비 및 발아

좋은 품질의 신선한 커피 씨앗을 커피 열매에서 추출하여 준비합니다. 씨앗을 물에 불려 발아를 촉진한 후 비옥한 땅에 심거나 육묘장에서 길러줍니다. 씨앗은 일정한 온도와 습도를 유지해야 하고 발아에는 약 2~3개월 정도의 시간이 걸리게 됩니다.

② 묘목 재배

발아한 씨앗은 별도의 모판에 심어 뿌리가 튼튼해지는 묘목이 될 때까지 6~12개월 동안 키워줍니다. 이 시기에는 강한 햇볕을 피하고 그늘에서 자라게 해야 묘목이 약해지지 않습니다. 또한, 물을 충분히 자주 주어야 건강하게 성장할 수 있습니다.

③ 커피나무 옮겨심기

묘목이 충분히 자라면 커피를 재배할 밭으로 옮겨 심습니다. 밭의 이상적인 위치는 해발 700~2,000m의 서늘하고 습도가 적당한 고원지대입니다. 나무 사이의 간격을 적절히 두어 햇볕과 바람이 원활하게 통할 수 있도록 하며, 질병과 해충의 확산을 막기 위해 철저히 관리합니다.

아라비카 종은 비교적 낮은 기온에서 잘 자라기 때문에
해발고도가 높은 지역에서 재배되며, 로부스타 종은
고온다습한 환경을 선호하여 주로 저지대에서 재배돼요.

④ 성장 및 관리

커피나무 주변의 잡초를 정기적으로 제거하여 영양분이 잘 공급되도록 도와줍니다. 나무가 자라면 가지치기를 통해 균형 잡힌 형태를 유지하고, 열매가 잘 맺히도록 관리합니다. 커피나무는 병충해에 취약하므로 주기적인 점검과 방제가 필요합니다.

⑤ 개화 및 열매 성장

나무가 자라기 시작한 후 3~4년이 지나면 커피 꽃이 피기 시작합니다. 꽃은 하얀색을 띠며 향기가 매우 향긋합니다. 꽃이 떨어지면 작은 열매가 생기고 시간이 지나면서 열매는 녹색에서 빨간색으로 변합니다. 이 과정을 통해 커피 열매가 성숙해갑니다.

⑥ 수확

열매가 빨갛게 익으면 수확이 시작되는데, 고품질의 커피는 손으로 일일이 따냅니다. 일부 농장은 균일한 품질을 위해 익은 열매만 여러 차례에 걸쳐 수확하기도 합니다. 씨앗에서 수확까지는 약 3~4년이 걸리며, 이후에도 10~15년간은 커피 열매를 생산할 수 있습니다.

커피 열매의 수확

빨갛게 익은 커피 열매는 픽커에 의해 수확이 시작된다. 수확은 세 가지 방식으로 이루어지는데 재배지의 특성과 원두의 종류, 익은 정도, 농장에 따라 수확 방법이 달라질 수 있다.

핸드 피킹 Hands Picking

커피나무에서 **잘 익은 열매만 골라 하나씩 손으로 따는 방법**입니다. 익은 열매만 선별하여 수확하기 때문에 가장 품질 좋은 커피 열매를 얻을 수 있지만, 시간이 많이 걸리고 노동력이 많이 들기 때문에 주로 고급 커피를 수확할 때 사용됩니다.

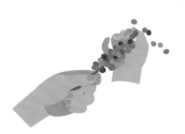

스트립 피킹 Strip Picking

나뭇가지에 달린 커피 열매를 손으로 한 번에 훑어 모두 따내는 방법입니다. 핸드 피킹보다 수확 속도가 빠르지만, 익은 열매와 덜 익은 열매가 함께 섞여 수확되므로 추가적인 선별 작업이 필요합니다. 선별 과정은 주로 열매의 색상이나 무게를 기준으로 진행됩니다.

기계 수확 Mechanical Picking

넓은 평지에서 커피나무를 키우는 브라질과 같은 지역의 커피 농장에서 주로 활용되는 방법입니다. **기계가 커피나무를 흔들거나 두드려 열매를 떨어뜨리는 방식으로 수확**하기 때문에 시간과 인건비를 크게 절약할 수 있습니다. 그러나 기계가 접근하기 어려운 지형에서는 사용이 어려우며, 열매의 익은 정도에 따라 품질을 세밀하게 관리하기 어렵습니다.

커피 열매의 가공

수확된 커피는 잘 익은 열매와 덜 익은 열매를 구분하여 선별하고, 이물질을 제거한 후 본격적인 가공을 시작한다. 이 가공 과정은 커피 열매의 맛과 향을 결정짓는 중요한 첫 번째 단계가 된다.

건식법 내추럴 가공

물이 부족하고 **햇볕이 강한 지역에서 주로 사용하는 가공 방식**으로 수확한 커피 열매에서 이물질만 제거한 후, 별다른 가공 없이 넓은 마당이나 통풍이 잘되는 그물망(아프리칸 베드) 위에 펼쳐서 건조시키는 방식입니다. 열매는 약 12%의 수분 함량에 도달할 때까지 말려지며, 이 과정에서 진한 갈색을 띠게 됩니다. 이후 탈곡기를 사용해 외피를 제거하면 내추럴 방식의 생두가 완성됩니다. 건식 가공 방식은 날씨에 영향을 받아 일관된 품질을 유지하기 어렵고, 건조 과정에서 미생물 오염의 위험이 있어 세심한 관리가 필요합니다. 또한, 건조에 시간이 많이 소요되며 그로 인해 노동력이 많이 들게 됩니다.

| 커피열매 | 건조 | 건조 완료 | 탈각 | 생두 |

습식법 워시드 가공

물이 풍부하고 세척할 설비가 갖춰진 지역에서는 습식 가공 방식을 많이 사용합니다. 수확한 커피 열매에서 이물질을 제거한 뒤, 사이펀 탱크로 보내 물에 가라앉는 잘 익은 커피 체리를 골라냅니다. 그런 다음 과육(펄프)을 제거하고, 남아 있는 끈적한 점액질은 물이 담긴 발효 탱크에서 발효 과정을 통해 분리해냅니다. 이후 원두는 깨끗한 물로 세척한 후 건조기나 아프리칸 베드에서 약 12%의 수분 함량이 될 때까지 건조시킵니다. 습식 가공 방식은 품질이 높고 균일한 생두를 얻을 수 있는 방법으로, 내추럴 커피에 비해 맛이 깔끔하고 섬세한 특징이 있습니다. 대량의 물을 사용하기 때문에 세척 과정에서 발생하는 폐수가 환경에 부정적인 영향을 미칠 수 있으며, 처리 과정이 복잡해 기술적 지식과 전문 장비가 필요합니다.

| 커피열매 | 펄프 제거 | 워싱 | 건조 | 생두 |

혼합법 펄프드 내추럴 / 허니 프로세스

커피 열매의 점액질을 남겨 건조시키는 방식으로 1990년대 브라질에서 개발된 가공법이며 '펄프드 내추럴' 방식이라고 부릅니다. 건식 가공의 장점인 풍부한 향미와 강한 개성을 유지하면서도 습식 가공의 장점인 높은 품질과 균일함을 함께 얻을 수 있습니다. 이후 다른 커피 생산국에서도 널리 사용되기 시작했는데 중앙아메리카 지역에서는 '허니 프로세스'로 이름을 바꿔 부르며 원두에 남겨지는 점액질의 양에 따라 세분화해 품질을 관리하고 있습니다. 과육의 당분과 점액질이 원두에 남아 독특한 맛을 형성하며, 물 사용량이 적어 물이 부족한 지역에서도 적합합니다. 그러나 건조 환경이 나쁠 경우 곰팡이가 생기거나 과발효로 인해 품질과 맛에 영향을 줄 수 있습니다.

커피열매 → 탈각 → 펄프 부분 제거 → 건조 → 생두

허니 프로세싱의 단계

허니 프로세싱은 커피 체리의 점액질(뮤실리지)을 일부 남긴 상태로 건조하는 가공 방법입니다. 이 과정에서 파치먼트에 남아 있는 점액질의 양에 따라 생두를 화이트, 옐로우, 레드, 블랙 허니의 4단계로 구분하여 관리합니다. 각 단계는 커피의 향미와 특성에 독특한 영향을 미치며 이를 통해 다양한 풍미를 가진 커피를 생산할 수 있습니다.

25% 50% 80% 100%   White Yellow Red Black

화이트 허니 White Honey

점액질을 약 80~90% 제거한 상태로 건조합니다. 점액질이 거의 없어 깔끔하고 밝은 산미가 강조되며, 워시드 커피에 가까운 프로파일을 보여줍니다.

옐로우 허니 Yellow Honey

점액질을 약 50~70% 제거한 상태로 건조합니다. 적당한 단맛과 산미가 균형을 이루며 깔끔하면서도 약간의 과일 향이 느껴지는 특징을 갖고 있습니다.

레드 허니 Red Honey

점액질을 약 20~50% 제거한 상태로 건조합니다. 점액질이 많이 남아 있어 단맛이 강하고, 복합적인 과일 향과 묵직한 바디감이 느껴집니다.

블랙 허니 Black Honey

점액질을 약 10~20%만 제거한 상태로 건조합니다. 내추럴 가공에 가까운 프로파일로 매우 강한 단맛과 묵직한 바디감, 그리고 과일 향이 극대화됩니다.

길링바사 그 밖의 가공법

인도네시아 수마트라 지역에서 사용되는 독특한 커피 가공 방식으로, '젖은 껍질 벗기기'라는 뜻을 가지고 있습니다. 커피 체리를 수확한 후 펄퍼를 사용해 점액질이 생두에 남아 있는 상태로 과육을 제거합니다. 이후 짧은 발효 과정을 거친 생두를 약 30~40% 정도 부분 건조한 뒤 탈각기에 넣어 높은 수분 상태에서 파치먼트를 제거합니다. 마지막으로 생두의 수분 함량이 약 12%에 도달할 때까지 건조를 진행하며 이 과정에서 특유의 청록색 또는 황록색 생두가 만들어집니다. 길링바사 방식으로 가공된 커피는 묵직한 풀바디와 스파이시한 향이 특징이고 산미가 낮아 진하고 깊은 풍미가 있습니다. 그러나 부분 건조된 상태에서 탈각이 이루어지기 때문에 균일한 품질 관리가 어렵고, 보관 및 운송 과정에서 품질이 저하될 가능성이 있습니다.

커피열매 → 과육제거 → 짧은 발효 → 부분 건조 → 탈각 → 건조 → 생두

Barista's Tips

애너로빅 Anaerobic 가공법

애너로빅 가공법은 커피 체리를 산소가 없는 밀폐된 환경에서 발효시키는 방식으로, 기존 가공법과는 다른 독특한 향미와 풍미를 제공합니다. 새로운 맛을 탐구하려는 생산자와 소비자들의 관심을 받으며, 최근 스페셜티 커피 업계에서 주목받고 있습니다. 그러나 발효 과정이 복잡하고 세심한 관리가 필요해, 일정한 품질을 유지하려면 많은 노력이 요구됩니다.

애너로빅 가공법의 특징

커피 체리를 밀폐된 탱크에 넣고 산소를 차단한 상태에서 발효 시간과 온도를 조절하여 원하는 향미를 얻을 수 있습니다. 이 과정은 커피에 와인처럼 복합적인 향과 강한 단맛을 더해주며, 일부에서는 생강이나 계피 같은 독특한 향이 나타나기도 합니다. 발효 과정을 세심하게 관리하지 않으면 발효취가 강해지거나 품질이 저하될 수 있어, 철저한 환경 관리가 필수적입니다.

애너로빅 가공법의 종류

• 싱글 애너로빅
커피 체리의 껍질과 과육을 제거한 후, 파치먼트 상태에서 무산소 발효를 진행하는 방식입니다.

• 더블 애너로빅
첫 번째 무산소 발효를 진행한 후, 펄핑 과정을 거쳐 두 번째 무산소 발효를 진행하는 방식으로, 더욱 복합적인 향미를 얻을 수 있습니다.

커피 열매의 선별과 포장

건조된 생두는 탈곡, 세척, 선별, 등급 분류, 포장 과정을 거쳐 전 세계로 수출되어
각국의 로스터에게 최종 전달된다. 이 모든 과정을 '드라이 밀 Dry Mill' 과정이라고 한다.

탈각 홀링과 폴리싱

건조된 커피 열매는 껍질과 파치먼트를 제거하는 과정
을 거치게 되며 이를 '훌링(Hulling)'이라고 합니다. 그
후, 선택적으로 '폴리싱(Polishing)' 과정을 진행합니
다. 폴리싱은 생두의 표면을 더욱 깔끔하고 매끄럽게 만
드는 작업으로 이 과정에서 생두 표면에 남아있는 얇은
은색 껍질인 실버 스킨이 제거됩니다. 폴리싱을 통해 생
두의 표면이 더욱 정제되고 선명해지기 때문에 주로 고
품질의 스페셜티 커피에서 이루어집니다.

선별 및 등급 분류

탈각된 **생두는 품질에 따라 크기, 무게, 밀도, 색상, 외
관 등을 기준으로** 등급이 매겨집니다. 크기별 분류는
'스크리닝(Screening)', 무게와 밀도에 따른 분류는 '덴
서티 소팅(Density Sorting)', 색상과 외관을 기준으로
한 분류는 '옵티컬 소팅(Optical Sorting)', 수작업으로
선별하는 과정은 '핸드 소팅(Hand Sorting)'이라 불립
니다. 각 방식은 생두의 품질을 더욱 세밀하게 분류하게
합니다.

원두의 선별과 등급 분류는 커피 품질을
평가하여 소비자에게 고품질 커피를 제공하는
중요한 과정이에요. 나라와 지역에 따라
다양한 등급 시스템을 통해
품질을 세밀하게 구분하고 있어요.

포장

선별된 생두는 수출을 위한 포장 과정을 거칩니다. 포장은 **생두의 품질을 보호하고 운송 및 보관 중 외부 요인으로부터 생두를 안전하게 지키는 중요한 단계입니다.** 주요 포장 방식으로는 마대 포장, 그레인프로 백 포장, 진공 포장이 널리 사용됩니다. 국가별로 포장 무게에 차이가 있을 수 있지만, 마대 포장은 보통 1백당 60~70kg이 기준입니다.

마대 포장 Jute Bags

마대 포장은 황마 또는 사이잘 삼으로 만들어지며 보통 60~70kg의 커피를 한 포장 단위로 담습니다. 이 포장 방식은 통기성이 좋고 튼튼하며 저렴해서 재사용이 가능합니다. 그래서 가장 많이 사용되는 포장 방법이지만 습기나 해충에 대해 취약할 수 있습니다.

그레인프로 백 포장 GrainPro Bags

그레인프로 백은 고밀도 플라스틱으로 만든 튼튼한 비닐 백으로, 생두의 신선도를 오랫동안 유지하고 습기, 산소, 해충으로부터 보호해줍니다. 이 백은 단독으로 사용되기도 하지만 마대 포장 안에 추가로 넣어 사용되기도 합니다. 마대 포장보다 가격이 비싸고 플라스틱을 사용하기 때문에 환경적이지 않습니다.

진공 포장 Vacuum Sealed Bags

진공 포장은 폴리에틸렌 또는 알루미늄 호일로 만든 복합제 재료를 사용해 공기를 제거하고 밀봉하는 방식입니다. 이 과정에서 산소를 차단해 생두의 산화를 막고 신선도를 오랫동안 유지할 수 있습니다. 가장 비싼 포장 방법으로 주로 작은 단위 포장에 사용되며 취급 시 주의가 필요합니다.

보관 기간에 따른 생두 이름

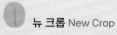

뉴 크롭 New Crop

수확일로부터 1년 이내에 수확된 적정 함수량이 약 12% 내외의 신선한 생두입니다. 향미, 수분, 유지 성분이 풍부하며 그린색을 띠고 있습니다.

패스트 크롭 Fast Crop

수확 후 1~2년 사이의 생두로 적정 함수량이 미달되고, 향미, 수분, 유지 성분이 부족합니다. 라이트 그린색을 띠며 로스팅 시 열전도가 느린 편입니다.

올드 크롭 Old Crop

수확 후 2년 이상 지난 생두로 적정 함수량이 크게 벗어나 향미, 수분, 유지 성분이 매우 약합니다. 산미와 바디감이 없고 건초향이 납니다.

커피의 등급

커피 생두의 등급을 나누는 기준은 여러 가지 요소에 따라 결정되며, 이 과정은 커피의 품질을 평가하고 소비자에게 제공하는 데 중요한 역할을 한다. 일반적으로 다음과 같은 기준이 사용된다.

커피의 등급을 나누는 기준 요소들

생두의 등급은 결점두, 크기, 생산 고도, 외관, 향미 등 여러 요소를 종합적으로 고려해 분류됩니다. 아라비카 커피는 미국 스페셜티 커피 협회(SCA, Specialty Coffee Association) 기준에 따라 80점 이상이면 스페셜티 커피로 인정되며, 60점 이하인 경우 품질이 낮다고 평가됩니다.

결점두 Defect Count

변색, 썩음, 곰팡이, 파손된 생두를 결점두라고 하며 이는 생두 품질 평가에서 중요한 역할을 합니다. 주로 내추럴 커피를 생산하는 나라에서 등급을 나누는 기준으로 사용되고 있으며, 100g 샘플을 기준으로 결점두의 수를 세고 이를 바탕으로 Grade 1(G1)부터 Grade 9(G9)까지 평가합니다. 등급은 결점두의 수에 따라 결정됩니다.

크기 Screening

생두의 크기는 품질 평가의 중요한 기준으로 표준화된 체를 사용해 다양한 크기로 분류됩니다. 콜롬비아, 케냐, 탄자니아, 하와이 등에서는 생두 크기로 등급을 나누며, 크기가 클수록 품질이 높다고 평가됩니다. 예를 들어, 콜롬비아는 수프리모와 엑셀소, 케냐와 탄자니아는 AA, AB 등으로 분류합니다. 크기는 스크린 번호(예: 17/18)로 구분됩니다.

생산 고도 Production Altitude

생산 고도는 커피 열매의 성장에 크게 영향을 미치며, 고도가 높을수록 생두의 밀도가 높아져 커피의 맛과 향이 복합적이고 뛰어납니다. 고도가 높으면 수확량은 줄어들지만, 더 높은 등급을 받게 됩니다. 과테말라와 코스타리카는 생산 고도에 따라 커피 등급을 나누는 대표적인 나라입니다. 과테말라는 SHB와 HB로, 코스타리카는 SHB와 GHB, MHB로 구분합니다.

외관과 향미 Optical Sorting & Flavor

생두의 색상과 외관은 생두의 품질 평가에서 중요한 역할을 하며, 균일한 색상과 최소로 결점이 있는 생두는 고품질로 평가됩니다. 생두는 옵티컬 소팅(Optical Sorting) 기술을 통해 색상, 크기, 모양, 결점 등을 자동으로 분류합니다. 커피의 맛과 향은 중요한 품질 평가 요소로 고유한 맛, 향미, 산미, 바디감, 균형감을 종합적으로 평가합니다.

결점두 Defective Beans 란 무엇인가?

결점두는 수확 후 건조된 커피 생두 중에서 **맛과 품질에 부정적인 영향을 미치는 결함이 있는 원두**를 말합니다. 결점두가 생기는 원인은 여러 가지가 있지만 주로 수확이나 건조 과정에서 발생합니다. 로스팅 전에는 반드시 생두의 상태를 점검하고, 결점두를 선별하여 제거해야 합니다. 결점두는 수작업으로 하나씩 골라내거나, 자동화된 기계를 사용하여 골라내는 방법이 있습니다.

검은색 원두

수확이 늦거나 열매가 흙과 접촉했을 때 생두가 전체적으로 검은색을 띠며 불쾌한 향과 텁텁한 맛이 납니다.

발효된 원두

커피 열매를 수확한 후 제대로 건조되지 않아 발효가 일어나면서 변질된 원두입니다. 신맛이 강하거나 부패한 냄새가 나며 불쾌한 맛이 납니다.

잘못 탈각된 원두

잘못 탈각하여 과육이 제거되지 않았거나, 과육이 그대로 마른 열매입니다. 맛에는 큰 영향을 미치지 않습니다.

잘못 보관한 원두

수분이 많은 상태에서 생두를 보관하여, 생두가 노란색이나 적갈색을 띠며 탁한 향이 납니다.

벌레 먹은 원두

벌레에 의해 갉아먹힌 원두로 외관에 구멍이나 손상된 부분이 있습니다. 이로 인해 불쾌한 맛이나 냄새가 발생할 수 있습니다.

이물질

부주의한 선별로 미처 걸러내지 못한 돌이나 나무 등의 이물질로, 그라인더에 치명적인 고장을 일으킬 수 있습니다.

국가별 원두 등급 기준

분류방법	국가	등급 기준	내용
결점두	에티오피아	Grade 1	결점두가 거의 없는 최고 품질의 원두다.
		Grade 2	결점두는 적지만 높은 품질을 유지하는 원두다.
		Grade 3~9	결점두의 수와 생두의 품질에 따라 등급이 결정된다.
	브라질	No. 2	결점두가 4개 이하이고 크기가 균일한 최고 품질의 원두다.
		No. 3~6	결점두가 12~86개 이하인 경우, 개수에 따라 등급이 낮아진다.
	인도네시아	Grade 1	결점두가 11개 이하이고 크기가 균일한 최상급 품질의 원두다.
		Grade 2~4	결점두의 수와 크기에 따라 원두의 품질과 등급이 내려간다.
고도	멕시코	SHG (Strictly High Grown)	가장 높은 고도에서 재배된 최상급 품질의 원두다.
		HG (High Grown)	SHG에 비해 낮은 고도에서 재배되었지만 여전히 높은 품질의 원두다.
		OC (Ordinario)	가장 낮은 고도에서 재배되어 품질이 낮고 저가형인 원두다.
	코스타리카	SHB (Strictly Hard Bean)	가장 높은 고도에서 재배된 최상급 품질의 원두다.
		GHB (Good Hard Bean)	SHB에 비해 낮은 고도에서 재배되었지만 여전히 높은 품질의 원두다.
		MHB (Medium Hard Bean)	GHB보다 낮은 고도에서 재배된 품질이 떨어지는 원두다.
	과테말라	SHB (Strictly Hard Bean)	가장 높은 고도에서 재배된 최상급 품질의 원두다.
		HB (Hard Bean)	SHB보다 낮은 고도에서 재배되었으며 여전히 우수한 품질의 원두다.
크기	콜롬비아	Supremo (수프리모)	가장 크고 균일한 크기를 가진 원두로 최상급 품질이다.
		Excelso (엑셀소)	수프리모보다 크기가 작은 원두로 스페셜티 커피로 분류될 수 있다.
	케냐	AA	가장 높은 등급의 원두로 크기가 크고 밀도가 높다.
		AB	두 번째 높은 등급의 원두로 AA보다 약간 작다.
		C	원두의 크기가 작고 결점두가 포함되어 있는 낮은 등급의 원두다.

스페셜티 커피란?

스페셜티 커피는 생산지의 특성과 세심한 관리가 반영된 고품질 커피로 독특한 맛과 풍미를 지닌다.
상업적인 커피와 차별화되어 지역 특산품처럼 여겨지고 있다.

스페셜티 커피

생산, 가공, 로스팅, 추출 등 모든 과정에서 높은 품질 기준을 충족하는 프리미엄 커피입니다. 이 커피는 커피 재배에
이상적인 기후와 환경에서 자란 원두로, **미국 스페셜티 커피 협회(SCA)의 품질 평가를 받아 80점 이상을 받은 원두만 스페셜티 커피로 인정합니다.** 전 세계 커피 생산량 중에서 스페셜티 커피는 약 5~10% 정도를 차지합니다.

스페셜티 커피는 에티오피아, 콜롬비아, 브라질, 케냐, 코스타리카 등 다양한 지역에서 생산되며, 각 지역의 독특한 기후와 토양에서 자라 고유한 특성을 지닙니다. 농부들이 정성스럽게 수확한 커피 열매는 여러 가지 방법으로 가공되고 맞춤형 로스팅을 통해 원두의 특성이 잘 살려집니다. 이렇게 로스팅 된 원두는 핸드드립, 프렌치 프레스, 에스프레소 등 다양한 방법으로 추출해 풍미를 극대화합니다. 스페셜티 커피의 맛은 과일향, 꽃향, 초콜릿, 견과류 등 복합적인 향미와 함께 산미, 단맛, 쓴맛이 잘 균형을 이루는 특징이 있습니다. 원두의 산지와 품종에 따라 다양한 맛을 경험할 수 있으며, 커피의 생산, 가공, 추출 과정에 대한 이해를 바탕으로 커피를 더욱 깊고 풍성하게 즐길 수 있습니다.

고유한 맛의
프로파일

높은 품질의
원두

최적의
재배환경

생산지 이력
추적

지속 가능한
생산

커피의 계급 구분하기

커피는 품질과 생산 방식에 따라 크게 4가지 계급으로 나눌 수 있습니다. 이 구분은 커피 원두의 품질, 생산과 가공 과정, 가격, 그리고 맛의 복잡성 등을 기준으로 분류됩니다.

① 스페셜티 커피 Specialty

스페셜티 커피는 SCA에서 80점 이상을 받은 고품질 커피로 결점이 거의 없고 독특한 향미와 풍부한 맛이 특징입니다. 주로 소규모 농장에서 생산되며, 원산지, 생산자, 가공 방식에 대한 정보가 투명하게 제공됩니다. 가격이 높으며 전문 커피숍이나 스페셜티 카페에서 주로 판매됩니다.

② 프리미엄 커피 Premium

스페셜티 커피보다는 낮은 등급이지만 지역 특성이 있는 커피입니다. SCA 점수는 70~79점 사이로 원산지가 표시된 원두이며, 향미와 맛의 균형이 잘 맞고 싱글 오리진이나 블렌딩으로 판매됩니다. 가격은 스페셜티 커피보다 낮지만 여전히 고급스러운 커피입니다.

③ 커머더티 커피 Commodity

대량 생산된 중간 품질의 커피로 주로 프랜차이즈 카페에서 사용되는 원두입니다. 전체 원두 시장의 대부분을 차지하며, SCA 점수는 60~69점 사이입니다. 결점이 많아 여러 원산지의 원두를 블렌딩해 일관된 맛을 만들어 내며, 가격이 저렴해 마트에서도 쉽게 구할 수 있습니다.

④ 로우 그레이드 커피 Low Grade

가장 낮은 등급의 커피로 SCA 점수가 60점 미만인 원두입니다. 결점이 많고 맛이 밋밋하거나 텁텁해서 주로 저가형 인스턴트 커피에 사용됩니다. 향미나 맛보다는 가격이 중요한 경우에 사용되며, 품질이 낮은 만큼 대중적이고 저렴한 커피를 선호하는 시장에서 유통됩니다.

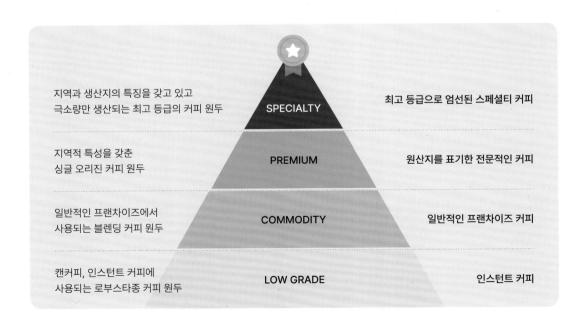

지역과 생산지의 특징을 갖고 있고 극소량만 생산되는 최고 등급의 커피 원두	SPECIALTY	최고 등급으로 엄선된 스페셜티 커피
지역적 특성을 갖춘 싱글 오리진 커피 원두	PREMIUM	원산지를 표기한 전문적인 커피
일반적인 프랜차이즈에서 사용되는 블렌딩 커피 원두	COMMODITY	일반적인 프랜차이즈 커피
캔커피, 인스턴트 커피에 사용되는 로부스타종 커피 원두	LOW GRADE	인스턴트 커피

CQI 커피 품질 평가표

CQI Arabica Technical Report

	ETHIOPIA		SCORE **86.58**
COFFEE QUALITY INSTITUTE®			

Flavor Radar

1 FRAGRANCE/AROMA 8.17
2 BALANCE 8.00
3 FLAVOR 8.08
86.58 SCORE
4 BODY 8.08
5 AFTERTASTE 8.00
6 ACIDITY 8.25

COFFEE QUALITY INSTITUTE®

Uniformity	10.00	Sweetness	10.00	Clean Cup	10.00	Overall	8.00

Categories		
Company	KEBIR COFFEE TRADING PLC	
Producer	KEBIR COFFEE TRADING PLC	
Farm Name	melekamu zergaw	
Mill	samuel Zergaw	
Altitude	1943	
Processing Method	Natural / Dry	
Variety	Ethiopian Yirgacheffe	
Harvest Year	2022 / 2023	
Lot Number	Yirgacheffee Aricha	
ICO Number		
Number of Bags	16	
Bag Weight	60 kg	

In Country Partner

Evaluation Executed by

METAD Agricultural Development plc

Certification Information

Expiration Date — June 6th, 2024

Sample Number — 566465

Availability of Sample — Yes

CQI(Coffee Quality Institute) 커피 품질 평가표는 **커피의 품질을 다양한 요소로 나눈 뒤 점수화하여 평가하는 기준**입니다. 이 평가표는 커피의 고유한 특성과 품질을 정확히 판단하기 위해 사용되며 주요 평가 항목은 아로마(Aroma), 플레이버(Flavor), 바디(Body), 밸런스(Balance), 후미(Aftertaste), 그리고 산미(Acidity)의 6가지 항목입니다. 평가 결과, 각 항목의 점수를 합산한 전체 점수가 80점 이상이면 해당 커피는 '스페셜티 커피(Specialty Coffee)'로 분류됩니다. CQI 평가표는 커피의 품질을 객관적이고 체계적으로 분석할 수 있는 중요한 도구로, 커피 생산자와 소비자 모두에게 신뢰할 수 있는 기준이 됩니다.

---

1 향 Aroma

커피를 분쇄하거나 추출한 후의 향을 평가한다. 좋은 커피는 풍부하고 다양한 향미를 제공한다.

2 균형 Balance

커피의 맛과 향이 조화롭게 어우러지는 정도를 평가한다. 모든 맛이 균형 잡혀야 고급 커피로 인정받는다.

3 맛 Flavor

커피의 전체적인 맛을 평가한다. 산미, 단맛, 쓴맛, 고소한 맛 등이 잘 균형을 이루는지 점검한다.

4 바디감 Body

커피를 마셨을 때의 느낌이다. 물처럼 가벼운 느낌부터 크림처럼 묵직한 느낌까지 다양하다.

5 후미 Aftertaste

커피를 마신 후 입에 남는 맛이다. 좋은 커피는 깔끔하고 오래 남는 후미를 가진다.

6 산미 Acidity

커피의 산미는 과일처럼 상큼한 맛을 의미한다. 너무 강하지 않으면서도 생동감 있는 산미가 좋은 평가를 받는다.

원두 포장지

원두 포장지는 단순히 원두를 담아 판매하는 역할만 하는 것이 아니라
커피의 품질, 브랜드 이미지 등이 담겨 있어 소비자와의 소통을 위한 중요한 요소가 된다.

원두 포장지의 역할

원두 포장지는 **원두의 신선함을 유지하고, 빛, 습기, 공기 등 외부 요소로부터 커피의 맛과 향을 보호하는 중요한 역할**을 합니다. 또한, 포장지를 통해 원두의 브랜드, 원산지, 로스팅 정보 등을 소비자에게 전달함으로써 브랜드 인지도를 높이고 신뢰를 쌓을 수 있습니다. 지퍼 잠금 기능, 아로마 밸브와 같은 기능을 추가하여 원두의 신선함을 오래도록 지킬 수 있으며, 사용이 편리하게 만들어 줍니다.

원두 포장재의 종류

• **종이 포장재**
친환경적이고 자연스러운 느낌을 주며 지속 가능성을 강조할 수 있지만, 공기 차단 성능이 낮아 내부 코팅이 필요합니다.

• **알루미늄 포장재**
빛, 공기, 습기를 거의 완벽하게 차단하지만, 다른 포장재에 비해 가격이 높은 편입니다.

• **플라스틱 포장재**
내구성이 강하고 공기와 습기 차단이 우수하지만, 친환경적이지 않을 수 있어 재활용 가능한 소재 사용이 권장됩니다.

• **복합 포장재**
여러 소재를 결합해 장점을 극대화한 포장지가 널리 사용되고 있습니다. (예: 종이+알루미늄)

원두 포장지의 모양

우리나라에서 판매되는 원두 포장지는 크게 세 가지 형태로, M방형, 지퍼 스탠드형, 박스 파우치 형태가 있습니다. 이 포장지들은 종이와 알루미늄 포일이 결합된 소재를 사용해 내구성이 뛰어나 원두를 효과적으로 보호합니다. 원두 포장 용량은 200g, 500g, 1kg이 가장 흔하며, 지퍼 스탠드형 포장지에는 100g 용량의 작은 봉투도 있습니다. 원두의 이산화탄소를 배출해 주는 아로마 밸브는 포장지를 주문할 때 요청하면 별도로 부착할 수 있습니다.

M방형 포장지

지퍼 스탠드형 포장지

박스 파우치형 포장지

원두 포장지의 구성 요소

커피 원두 포장지는 단순히 원두를 담는 것을 넘어, 원두의 신선도와 품질을 유지하는 중요한 기능을 합니다. 또한, 포장지는 커피 브랜드의 이미지를 전달하는 중요한 매체가 되어 로고, 원산지, 소비 기한, 품종, 추출 방법 등 다양한 정보를 소비자에게 제공합니다.

원두를 개봉한 후에도 편리하게 보관할 수 있도록 지퍼락이 달린 봉투도 있어요.

① 소비기한

원두의 소비 기한을 명시하여 소비자가 최적의 상태에서 커피를 즐길 수 있도록 합니다.

② 아로마 밸브

커피의 신선도를 유지하기 위해 사용되는 장치로 원두에서 발생된 이산화탄소는 배출하고, 외부로부터 유입되는 산소를 차단합니다.

③ 브랜드 정보

브랜드의 로고, 슬로건, 카페의 철학 등 브랜드의 가치를 전달하는 요소입니다.

④ 원두 종류 제목

블렌딩 원두인지 싱글 원두인지를 알 수 있습니다. 별도로 후면에 표기하는 경우도 있습니다.

⑤ 원두 정보

생산지역, 농장, 품종, 가공 방법, 등급과 같은 커피 원두에 대한 정보를 알 수 있습니다.

⑥ 로스팅 프로파일

'라이트', '미디엄', '다크'와 같은 로스팅 정도를 명시하여 소비자가 원하는 커피 스타일을 선택할 수 있습니다.

⑦ 중량

봉투에 담겨있는 원두의 무게를 표시합니다.

원두 이름 읽기

원두 포장지에 표기된 이름을 통해 원두의 다양한 정보를 확인할 수 있다.
원두의 이름에는 생산 국가, 지역, 농장명, 품종명, 가공 방법 등을 포함한 자세한 이력을 담고 있다.

원두 이름의 정보

원두 포장지의 라벨에는 원두의 이름이 적혀 있으며 이를 통해 원두에 대한 다양한 정보를 알 수 있습니다. 특히 싱글 오리진 원두의 경우, **이름에 생산 국가, 지역, 농장명, 품종, 가공 방법, 등급 등의 세부 사항이 포함되어 원두의 이력을 파악**할 수 있습니다. 예를 들어 "Colombia Quindio Rivachvia Castillo Natural Supremo(콜롬비아 킨디오 리바치비아 카스티요 내추럴 수프리모)"라는 이름을 가진 원두의 이력을 보면, 콜롬비아의 킨디오 지역에 위치한 리바치비아 농장에서 재배된 카스티요 품종의 내추럴 가공 방식으로 처리된 최고 등급의 원두임을 의미합니다. 모든 원두 이름이 이러한 정보를 모두 담고 있는 것은 아니며, 블렌드 원두의 경우 블렌드 여부나 로스팅 정도가 이름에 포함되기도 합니다. 또한, 라벨에 로스팅 날짜와 테이스팅 노트가 추가되어 소비자가 원두의 특징을 쉽게 파악할 수 있도록 돕는 경우도 있습니다. 따라서 원두에 대한 정보가 부족하거나 구매를 고민 중일 때 라벨을 확인하면 대략 원두의 특성과 품질을 이해할 수 있습니다.

① 생산 국가
원두 라벨에서 가장 먼저 눈에 띄는 부분으로 원두가 생산된 국가를 표시합니다.

② 생산 지역
구체적인 생산지역이 표시되며 때로는 지역명이 아닌 항구명이나 제도(섬)의 이름이 표시되기도 합니다.

③ 농장명
커피가 생산된 농장이 유명한 경우, 지역명 없이 농장명만 표시되거나 지역명과 농장명이 모두 표기될 수 있다.

④ 품종명
생산된 품종이 독특한 경우에는 해당 품종을 직접 표시하기도 합니다.

⑤ 가공 방법
수확한 커피를 가공하는 방식을 표시합니다.

⑥ 등급
결점두, 생두의 크기, 재배 고도 등에 따른 원두의 등급을 표시합니다.

① 생산 국가	② 생산 지역	③ 농장명	④ 품종명	⑤ 가공 방법	⑥ 분류(등급)
Colombia	Quindio	Rivachvia	Castillo	Natural	Supremo
Panama	-	Elida estade	Catuai	Natural	-
Ethiopia	Yirgacheffe	Aricha	-	Washed	G1
Brazil	Agua Limpa	-	Red Catuai	Natural	-

소비자 소통을 위한 방법, 컵 노트와 테이스팅 노트

원두 라벨에는 원두 이름과 생산일자, 소비기한 등 다양한 정보가 표기되기도 하지만, 이 외에도 컵 노트(Cup Note)와 테이스팅 노트(Tasting Note)를 통해 원두의 특성을 소개하기도 합니다. 컵 노트와 테이스팅 노트는 모두 커피의 맛과 향을 표현하고 기록하는 데 사용되는 용어로 비슷한 개념이지만 약간의 차이가 있습니다. 이러한 정보를 적절하게 활용하면 매장에서 판매하는 원두를 소비자에게 더 쉽게 이해시킬 수 있습니다.

컵 노트

주로 **커피의 품질 평가와 관련된 용어를 사용하여 커피의 세부적인 특성과 감각적 요소를 평가할 때** 작성됩니다. 이 평가에는 커피의 산미, 단맛, 향미, 후미, 바디, 밸런스 등을 포함한 총체적인 특성이 기술되며, 주로 커피 전문가들이 사용합니다. 스페셜티 커피를 평가할 때 중요한 기준으로 활용됩니다.

테이스팅 노트

커피를 마실 때 느껴지는 **주관적인 맛과 향의 특징을 묘사한 것으로** 로스터, 바리스타가 원두의 특성을 소비자에게 설명하거나 추천할 때 사용됩니다. 예를 들어, "잘 익은 체리와 다크 초콜릿의 달콤함, 견과류의 고소함, 부드러운 바디와 긴 여운"처럼 커피의 맛을 쉽게 상상할 수 있도록 표현하는 데 중점을 둡니다.

Colombia Quindio Rivachvia Castillo Natural Supremo

콜롬비아 킨디오 리바치비아 카스티요 내추럴 수프리모

Single Origin

Sweetness ■ ■ ■ ☐ ☐
Acidity ■ ■ ■ ☐ ☐
After Taste ■ ■ ☐ ☐ ☐
Roasting Point ■ ■ ■ ☐ ☐

Orange / Apple / Dark Chocolate

커피 벨트

커피 벨트 Coffee Belt는 커피가 재배되는 주요 지역을 말하는 것으로,
전 세계에서 커피가 많이 재배되는 특정한 지리적 범위를 가리킨다.

커피 벨트의 주요 지역

아프리카

아프리카는 에티오피아, 케냐, 탄자니아, 우간다, 부룬디, 르완다 등 세계 주요 커피 생산국이 위치한 지역으로, 세계 커피 시장에서 중요한 위치를 차지하고 있습니다. 이 지역에서 재배되는 커피는 주로 아라비카 품종으로, 뛰어난 품질과 독특한 풍미로 널리 알려져 있습니다. 아프리카 커피는 대체로 밝고 생동감 있는 산미를 지니며, 과일 향과 꽃 향이 돋보이는 것이 큰 특징입니다.

아시아 및 태평양

인도네시아, 베트남, 인도, 필리핀, 파푸아뉴기니 등을 포함하며, 독특한 환경과 기후 조건 덕분에 개성 넘치는 커피를 생산하고 있습니다. 이 지역에서 생산되는 커피는 각국의 고유한 자연 환경과 재배 방식에 따라 차별화된 맛과 향을 지니며, 대체로 무거운 바디감, 흙 내음, 허브와 스파이스 풍미가 특징입니다. 아라비카와 로부스타 품종이 모두 활발히 재배되고 있습니다.

커피 벨트란?

커피 벨트(Coffee Belt)는 지구상에서 커피가 재배되는 지역을 일컫는 말로, 주로 적도 근처에 위치한 지역들을 가리킵니다. 이 지역은 커피 재배에 이상적인 기후 조건을 제공하는데 평균 기온이 일정하고, 비가 자주 내리며, 고도나 토양도 커피의 생장에 적합합니다.

커피 벨트의 환경 조건

커피 벨트는 평균 기온이 18~24°C로 온화한 기후를 유지하며, 연간 1,000~2,000㎖ 이상의 충분한 강수량과 배수가 잘되는 미네랄이 풍부한 화산 토양을 갖춘 커피 재배에 이상적인 환경입니다. 특히 해발 1,000m 이상의 고산지대에서 재배된 커피는 뛰어난 산미와 풍부한 향미를 자랑합니다.

하와이

멕시코

온두라스

쿠바

과테말라

도미니카

엘살바도르

자메이카

코스타리카

니카라과

파나마

베네수엘라

콜롬비아

에콰도르

브라질

페루

중남미

멕시코, 브라질, 콜롬비아, 과테말라, 코스타리카 등의 나라가 위치한 세계적인 커피 생산지입니다. 주로 해발 1,000~2,000m의 고산지대에서 재배되며 온화한 기후와 화산 토양의 풍부한 미네랄로 인해 고품질의 커피가 생산됩니다. 이 지역 커피는 밝고 깨끗한 산미와 균형 잡힌 풍미가 특징으로, 감귤류, 초콜릿, 견과류 같은 맛을 지닙니다. 특히 콜롬비아 커피는 산미와 단맛이 조화롭고, 브라질은 초콜릿과 견과류 풍미로 유명합니다. 다양한 향미와 높은 품질 덕분에 중남미 커피는 세계적으로 많은 사랑을 받고 있습니다.

커피 벨트는 대체로 북위 23.5도에서 남위 23.5도 사이의 구간을 말합니다.

에티오피아

생산량	재배종	수확시기	가공방법
세계 5위	아라비카 토착 재배종	10월~12월	내추럴, 워시드

커피의 기원지인 에티오피아는 염소 치기 소년 '칼디'의 전설로 잘 알려져 있습니다. 칼디는 자신이 기르던 염소들이 빨간 열매를 먹고 활기차게 뛰는 모습을 보고 커피를 처음 발견했다고 전해집니다. 에티오피아 커피는 15세기 이슬람 세계를 거쳐 17세기 유럽으로 전파되었으며, 오늘날 스페셜티 커피 시장에서 큰 영향력을 발휘하고 있습니다. 독특한 풍미와 높은 품질 덕분에 에티오피아는 세계 주요 커피 생산국 중 하나로 자리 잡고 있습니다.

특징

에티오피아 커피는 전반적으로 밝고 선명한 산미와 함께 플로럴한 향, 과일 향, 꽃 향이 두드러지는 특징이 있습니다. 지역에 따라 일부 커피는 와인과 같은 복합적이고 우아한 풍미를 자랑하기도 합니다. 주로 내추럴 방식으로 가공되며, 에티오피아 특유의 향미가 잘 표현됩니다.

재배지역

• **예가체프** : 에티오피아 남부에 위치한 예가체프는 섬세한 꽃 향과 과일 향, 그리고 풍부한 산미가 특징으로, 세계적으로 높은 평가를 받고 있습니다.

• **시다모** : 예가체프와 인접한 지역으로, 다채로운 환경과 다양한 미세 기후 덕분에 여러 가지 맛과 향을 지닌 커피를 생산합니다. 이곳의 커피는 균형 잡힌 맛과 복합적인 향미로 유명합니다.

• **구지** : 최근 스페셜티 커피 시장에서 주목받고 있는 지역으로 독특한 풍미와 뛰어난 품질로 점점 더 많은 사랑을 받고 있습니다.

• **하라** : 에티오피아 동부에 위치하고 있으며 강렬하고 개성 넘치는 풍미, 스파이시한 향과 묵직한 바디감을 지닌 커피가 생산됩니다.

케냐

생산량	재배종	수확시기	가공방법
세계 22위	아라비카종	10월~12월 (메인크롭 시즌), 4월~6월 (소량수확 시즌)	내추럴, 워시드

강렬한 산미와 복합적인 향미를 특징으로 하는 고품질 커피 생산국으로, 19세기 후반 유럽 식민지 농장주들에 의해 아라비카 원두 재배가 시작되었고, 1930년대에 커피 산업이 크게 성장하여 독특한 풍미와 높은 품질로 세계적으로 인정받았습니다. 오늘날 케냐 커피는 스페셜티 커피 시장에서도 중요한 위치를 차지하고 있습니다.

특징

케냐 커피는 강렬하면서 밝은 산미와 복합적인 향미가 특징으로 블랙 커런트와 시트러스 계열의 과일 향, 와인을 연상시키는 풍미와 짙은 바디감, 단맛과 쓴맛의 조화로운 밸런스를 자랑합니다. 주로 워시드(습식) 방식으로 가공되어 깨끗하고 선명한 맛과 향이 강조됩니다.

재배지역

• **키리냐가** : 케냐 중앙부에 위치하고 있으며 높은 고도와 비옥한 화산 토양 덕분에 최고 품질의 커피를 생산하는 대표적인 지역입니다.

• **니에리** : 키리냐가와 인접한 지역으로 적절한 강수량과 서늘한 기후 덕분에 뛰어난 품질의 커피를 생산합니다. 이곳의 커피는 복합적인 향미와 좋은 산미로 잘 알려져 있습니다.

• **엠부** : 케냐 동부에 위치하고 있으며 고도와 기후 조건이 커피 재배에 이상적이고, 품질 좋은 커피를 생산하는 주요 생산지 중 하나입니다.

• **키암부** : 수도 나이로비 인근에 위치한 전통적인 커피 재배 지역으로 균형 잡힌 맛과 깨끗한 풍미가 특징인 커피를 생산합니다.

우간다

생산량	재배종	수확시기	가공방법
세계 8위	로부스타종 (80%) 아라비카종 (20%)	9월~12월 (아라비카종), 11월~2월, 6월~8월 (로부스타종)	내추럴, 워시드

아프리카의 주요 커피 생산국 중 하나로, 로부스타 커피의 생산지로 잘 알려져 있지만 아라비카 커피도 상당량 생산하고 있습니다. 19세기 후반부터 본격적으로 커피 재배가 시작되었으며, 로부스타 커피의 원산지로 추정되는 토착 품종이 재배되고 있습니다. 20세기 초반부터는 커피가 주요 수출 품목으로 자리매김하고 있습니다.

특징

우간다에서 생산되는 로부스타 커피는 강렬한 바디감과 쌉쌀한 맛이 특징이며 견과류와 초콜릿의 깊은 풍미를 지니고 있습니다. 반면, 아라비카 커피는 고지대에서 재배되어 부드럽고 복합적인 맛을 자랑하며, 시트러스와 베리류의 과일 향과 밝은 산미, 중간 정도의 바디감을 가지고 있습니다.

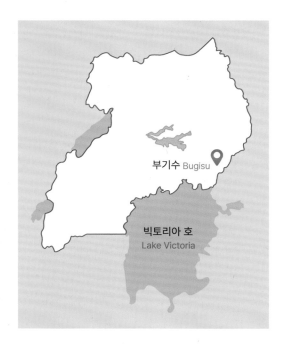

재배지역

· **부기수** : 동부 엘곤 산 주변에 위치한 부기수 지역은 해발 1,300~2,300m에 위치한 고지대로 아라비카 커피의 주요 생산지입니다. 복합적이고 섬세한 풍미를 가진 커피가 생산됩니다.

· **빅토리아 호수 유역 및 중앙 우간다** : 낮은 해발과 따뜻한 기후 조건을 가진 로부스타 커피 재배에 이상적인 곳입니다. 강렬하고 깊은 맛을 지닌 로부스타 커피의 주요 산지입니다.

예멘

생산량	재배종	수확시기	가공방법
세계 33위	아라비카, 타피카 재래종	3월~4월, 10월~12월	내추럴

예멘은 세계에서 가장 오래된 커피 생산국으로 커피 역사에서 중요한 위치를 차지하고 있습니다. 15세기경 처음으로 커피가 재배되기 시작했으며, 이후 상업적으로 유통되기 시작했습니다. 당시에는 아라비아 반도와 이슬람 세계에서 널리 소비되었고, 예멘의 항구 도시인 '모카(Mocha)'를 통해 전 세계로 수출되었습니다. 16세기와 17세기 동안 예멘은 주요 커피 수출국이었으며 유럽에서는 예멘산 커피를 '모카'라 부르며 큰 찬사를 보냈습니다.

특징

독특한 향미와 복합적인 맛이 특징으로 풍부한 바디감과 함께 말린 과일, 건포도, 자두, 무화과와 같은 풍미가 있습니다. 계피 같은 독특한 향신료가 초콜릿의 단맛과 어우러지며 고유한 흙 내음으로 대지의 향취를 느낄 수 있습니다. 산미는 강하지 않고 전체적으로 깊고 복잡한 맛이 돋보입니다.

재배지역

- **하라즈** : 예멘 중심부에 위치한 산악 지역으로 높은 고도와 독특한 환경 덕분에 풍미 깊은 커피가 생산되는 지역입니다. 하라즈의 커피는 복합적인 맛과 부드러운 산미로 잘 알려져 있습니다.

- **마타리** : 예멘의 대표적인 고급 커피 생산지역으로 특유의 내추럴 방식으로 가공되어 복합적이고 독특한 풍미로 높은 평가를 받고 있습니다.

- **다마르** : 예멘의 또 다른 주요 커피 산지로, 부드러운 맛과 함께 견과류와 초콜릿 향미가 두드러지는 커피가 생산됩니다.

- **이스마이리** : 말린 과일과 스파이스의 풍미가 조화를 이루며, 섬세하고 깊은 맛을 가진 커피로 잘 알려져 있습니다.

인도네시아

생산량	재배종	수확시기	가공방법
세계 4위	로부스타종, 아라비카종	3월~6월	워시드, 길링바사

세계에서 네 번째로 큰 커피 생산국으로, 다양한 품종과 특별한 가공 방식의 커피로 유명합니다. 17세기 네덜란드 식민지였던 인도네시아 자바섬에서 아라비카 커피 재배가 시작되었고, 유럽 시장에서 큰 인기를 끌며 '자바'라는 이름이 커피의 대명사로 자리 잡았습니다. 19세기 말, 커피 녹병으로 아라비카 농장이 피해를 입자 병충해에 강한 로부스타가 대체 품종으로 도입되었고, 현재는 주요 품종이 되었습니다.

특징

'길링바사'라는 독특한 습식 가공 방식으로 처리되어 무겁고 풍부한 바디감과 묵직하면서도 진한 맛이 특징입니다. 전반적으로 산미가 낮고 부드러우며 균형 잡힌 맛이 돋보이며, 일부 커피는 특유의 허브와 흙 내음이 감도는 풍미를 지니고 있습니다.

재배지역

• **수마트라** : 인도네시아에서 가장 중요한 커피 생산 지역으로, 특히 만델링과 안꽈투 지역의 커피가 유명합니다. 이 지역 커피는 무겁고 진한 바디감과 흙 내음, 허브 향이 특징입니다.

• **자바** : 인도네시아에서 가장 오래된 커피 재배 지역으로 아라비카 커피의 주요 생산지입니다. 자바 커피는 깔끔한 맛과 부드러운 균형으로 유럽 시장에서 큰 인기를 끌고 있습니다.

• **술라웨시** : 술라웨시 섬의 토자라 지역은 독특한 풍미를 가진 아라비카 커피 생산지로 유명합니다. 이 지역 커피는 스파이스, 초콜릿, 허브 같은 복합적인 풍미와 부드러운 바디감을 지니고 있습니다.

인도

생산량	재배종	수확시기	가공방법
세계 7위	로부스타종, 아라비카종	11월~2월	내추럴, 워시드, 세미워시드

인도는 세계적인 커피 생산국으로 아라비카와 로부스타 커피를 모두 재배합니다. 인도의 커피 재배는 17세기 초 남부 지역의 수도승 바바부단(Baba Budan)이 예멘에서 몰래 커피 씨앗을 들여와 심으면서 시작되었습니다. 이후 영국 식민지 시대에 커피 재배가 크게 발전했으며 영국은 커피를 인도의 주요 수출 작물로 육성했습니다. 오늘날 인도는 고품질의 아라비카와 로부스타 커피를 전 세계로 수출하고 있으며 유럽 시장에서 높은 인기를 얻고 있습니다.

특징

균형 잡힌 바디감과 적당한 산미, 부드러운 맛이 특징이며, 초콜릿, 견과류, 캐멜, 스파이스 향이 두드러집니다. 일부 커피에서는 후추나 카다멈 같은 향신료의 향이 느껴지기도 합니다. 이런 풍미는 커피나무를 향신료나 과일나무와 함께 재배하는 인도만의 독특한 농업 방식에서 비롯된 것입니다.

재배지역

• **카르나타카** : 인도 남부에 위치한 최대 커피 생산지로 인도 커피 생산량의 약 70%를 차지합니다. 고도가 높고 적당한 강수량 덕분에 고품질의 아라비카 커피가 주로 생산되며 깊고 풍부한 맛이 특징입니다.

• **케랄라** : 인도의 두 번째로 큰 커피 생산지로 고온다습한 열대 기후로 인해 주로 로부스타 커피가 재배됩니다. 이 지역 커피는 부드러운 바디감과 적당한 산미를 지니며 깔끔하고 정제된 풍미로 유명합니다.

• **타밀 나두** : 인도 남동부의 고산지대로 산악 지역의 서늘한 기후와 풍부한 강수량 덕분에 고품질 아라비카 커피가 생산됩니다. 밝은 산미와 플로럴한 향이 돋보이며 섬세하고 부드러운 맛으로 잘 알려져 있습니다.

베트남

생산량	재배종	수확시기	가공방법
세계 2위	로부스타종, 아라비카종	10월~2월	내추럴

세계에서 두 번째로 큰 커피 생산국인 베트남은 주로 로부스타 커피를 생산합니다. 19세기 후반 프랑스 식민지 시기부터 커피 재배가 시작되었고, 초기에는 아라비카 종이 재배되었지만 병충해와 베트남의 기후 조건 때문에 로부스타 종이 주류를 이루게 되었습니다. 1980년대 이후 정부의 개혁 정책 덕분에 커피 생산량이 크게 증가되었습니다. 베트남은 전 세계 로부스타 커피 생산량의 40%를 차지하고 있습니다.

특징

베트남의 로부스타 커피는 강한 바디감과 높은 카페인 함량, 그리고 진한 쓴맛이 특징입니다. 베트남을 대표하는 커피 음료인 '카페 쓰어다'는 진하게 추출한 로부스타 커피에 연유를 넣어 진하고 달콤하며 얼음을 넣어 차갑게 마시는 음료로 베트남 커피의 독창성을 잘 보여줍니다.

재배지역

• **광찌** : 베트남 중부의 작은 커피 생산지로 낮은 고도와 더운 기후로 주로 로부스타 커피가 재배됩니다. 최근에는 유기농 커피 재배로 주목받고 있습니다.

• **지라이** : 베트남 중부 지역으로 고도가 높아 커피 재배에 적합합니다. 주로 로부스타 커피를 생산하고 일부 지역에서는 아라비카 커피도 소규모로 재배됩니다.

• **다클락** : 베트남 커피 생산량의 약 40%를 차지하는 가장 큰 커피 생산지로 로부스타 커피를 대규모로 재배하는 곳입니다.

• **람동** : 베트남 남부 고원 지역으로 서늘한 기후로 인해 아라비카 커피가 재배됩니다. 고급 아라비카 커피의 주요 생산지로 고품질 커피로 인정받고 있습니다.

멕시코

생산량	재배종	수확시기	가공방법
세계 9위	로부스타종, 아라비카종	9월~3월	워시드, 일부 내추럴

18세기 중반, 스페인의 식민 지배 시기에 커피가 전파되었으며, 남부 고산 지역에서 재배가 시작되었습니다. 20세기 이후 커피 산업이 급격히 발전하면서, 멕시코는 세계적인 커피 생산국으로 성장하였고 현재 세계 9위의 커피 생산국으로 자리하고 있습니다. 아라비카와 로부스타 커피를 재배하며 특히, 화학 비료나 농약을 사용하지 않고 재배된 유기농 커피와 공정 무역 인증 커피는 국제적으로 큰 인기를 끌고 있습니다.

특징

멕시코 커피는 대부분 워시드 방식으로 가공되어 산미가 뚜렷하고 아로마틱 하며 부드러운 맛을 자랑합니다. 고산지대에서 자란 커피는 내추럴 방식으로 가공되기도 하며, 전반적으로 밝은 산미와 꽃향기, 고유의 달콤한 맛을 특징으로 독특하고 개성 있는 맛을 자랑합니다.

재배지역

• **치아파스** : 멕시코 최대의 커피 생산지로 높은 고도와 비옥한 토양에서 재배되어 선명한 산미와 균형 잡힌 풍미를 자랑합니다.

• **베라크루스** : 해안과 인접한 지역으로 해양성 기후의 영향을 받아 부드러운 바디감과 낮은 산미, 달콤하고 풍부한 풍미가 특징입니다.

• **오아하카** : 고지대에서 재배된 커피로 유명하며 독특한 향미와 풍부한 맛, 초콜릿과 견과류의 강한 뉘앙스와 균형잡힌 바디감이 있습니다.

• **푸에블라** : 남동부에 위치한 고산지대로, 고품질 아라비카 품종이 재배되며 유기농 및 공정 무역 방식으로 생산이 이루어지고 있는 지역입니다.

과테말라

생산량	재배종	수확시기	가공방법
세계 11위	아라비카종	8월~4월	워시드

과테말라에서 커피 재배는 18세기 후반 스페인 식민지 시대에 시작되었으며, 19세기 중반부터 본격적으로 발전하기 시작했습니다. 20세기 초반에는 커피가 과테말라의 주요 수출 품목이 되었으며, 이 시기에 과테말라 정부의 적극적인 지원과 인프라 구축을 통해 커피 산업이 성장했습니다. 20세기 후반부터는 다양한 자연환경과 비옥한 토양을 바탕으로, 다채로운 맛과 향을 가진 스페셜티 커피 생산에 주력하고 있습니다.

특징

주로 화산 지역에서 재배되어 무거운 바디감과 밝고 균형 잡힌 산미, 초콜릿, 과일, 견과류의 복합적인 향이 특징입니다. 아라비카 품종을 주로 재배하며, 워시드 방식으로 가공되고 있습니다. 재배 지역에 따라 각기 다른 매력을 발산하는 것이 과테말라 커피의 또 다른 특징입니다.

재배지역

• **안티구아** : 과테말라에서 가장 유명한 커피 산지 중 하나로 화산 토양과 온화한 기후에서 재배되어 무거운 바디감과 부드러운 산미가 특징입니다.

• **우에우에테낭고** : 과테말라에서 가장 높은 고도에서 커피가 재배되는 지역으로 밝은 산미, 강한 과일 향, 복합적이고 깊은 맛을 자랑합니다.

• **아카테낭고** : 화산 활동으로 형성된 독특한 토양과 서늘한 기후에서 재배되는 커피로 균형 잡힌 바디감과 부드러운 산미를 지니고 있습니다.

• **산마르코스** : 과테말라에서 가장 따뜻하고 습한 지역 중 하나로, 비옥한 화산 토양에서 재배되어 밝은 산미와 부드러운 바디감이 특징입니다.

코스타리카

생산량	재배종	수확시기	가공방법
세계 14위	아라비카종	9월~4월	워시드, 허니

코스타리카는 중미에서 가장 유명한 커피 생산국 중 하나로, 주로 고품질의 아라비카 커피를 생산합니다. 18세기 후반부터 커피 재배가 시작되었고, 19세기 초반부터 본격적으로 산업화되며 코스타리카 경제의 중요한 축으로 자리 잡았습니다. 20세기 후반 이후에는 스페셜티 커피 생산에 집중하며, 커피 품질 향상을 위해 질병 저항성 품종 개발과 친환경 재배 등 연구와 기술 개발에 많은 투자를 하고 있습니다.

특징

무기질이 풍부한 화산 토양과 온화한 기후 덕분에 면적당 커피 생산량이 높고 품질이 뛰어납니다. 법적으로 아라비카 품종만 재배 가능하며 주로 워시드 방식으로 가공되고 있습니다. 최근 허니 프로세스를 도입해 과일 향과 단맛을 강조한 커피도 생산하고 있습니다.

재배지역

- **타라주** : 코스타리카에서 가장 유명한 커피 산지로 1,200~1,900미터의 고지대에서 커피가 재배됩니다. 단맛과 과일향이 두드러지며, 균형 잡힌 산미와 바디감, 사과, 복숭아, 열대과일 향미가 특징입니다.

- **센트럴 밸리** : 코스타리카에서 가장 오래된 커피 재배 지역으로 1,000~1,700미터 고도에 위치하며 수도 산호세를 포함하고 있습니다. 부드럽고 균형 잡힌 맛의 커피가 특징입니다.

- **웨스트 밸리** : 화산 토양과 온화한 기후 덕분에 독특한 향미를 가진 커피가 생산되는 지역으로 주목받고 있습니다.

- **브룬카** : 따뜻하고 습한 기후를 가진 지역으로 부드러운 맛과 풍부한 바디감을 가진 커피가 재배됩니다.

파나마

생산량	재배종	수확시기	가공방법
세계 36위	아라비카종	11월~2월	내추럴, 워시드

중미의 작은 나라인 파나마는 세계적인 명성을 가진 게이샤 커피로 잘 알려진 커피 생산국입니다. 19세기 중반 파나마 서부 고원 지대에서 커피 재배가 시작되었고, 20세기 중반부터는 스페셜티 커피 생산에 주력하기 시작했습니다. 특히 21세기 이후 게이샤 품종이 국제 경매에서 높은 가격에 판매되며, 파나마 커피는 전 세계적으로 큰 주목을 받고 있습니다.

특징

깨끗한 산미와 밝고 선명한 과일 향, 플로럴한 향이 돋보이며, 특히 게이샤 품종은 자스민, 베르가못, 열대 과일 등 섬세한 향미가 특징입니다. 파나마는 워시드, 내추럴, 허니 프로세스 등 다양한 가공 방식으로 부드럽고 우아한 바디감의 다채로운 커피를 선보이고 있습니다.

재배지역

• **보케테** : 1,200~1,800미터에 위치한 고원지대로 파나마를 대표하는 커피 산지입니다. 온화한 기후와 적절한 강수량으로 주로 게이샤 품종이 재배됩니다. 이 지역에서 생산된 커피는 섬세하고 복합적인 향미를 자랑합니다.

• **볼칸** : 바루 화산 근처 1,300~1,700미터의 고도의 산악지대에서 커피가 재배됩니다. 강한 산미와 과일 향이 특징이며 복합적이고 균형 잡힌 맛으로 알려져 있습니다.

• 이외에도 리오 세르바와 레나시미엔토 지역도 품질 높은 커피를 생산하며, 균형 잡힌 맛과 독특한 향이 특징입니다.

콜롬비아

생산량	재배종	수확시기	가공방법
세계 3위	아라비카종	10월~2월, 4월~6월	워시드

세계에서 가장 유명한 커피 생산국 중 하나인 콜롬비아는 밝은 산미와 부드러운 바디감을 가진 고품질 아라비카 커피로 잘 알려져 있습니다. 커피 재배는 18세기 후반 스페인 식민지 시기부터 시작되었으며, 19세기 중반부터 본격적으로 발전했습니다. 20세기 중반에는 콜롬비아 커피 연맹(FNC)이 설립되어 품질 관리와 글로벌 마케팅을 주도했으며, 상징적인 브랜드 '후안 발데즈(Juan Valdez)'를 통해 세계 시장에서 독보적인 입지를 구축했습니다.

특징

콜롬비아 커피는 밝고 균형 잡힌 산미와 부드러운 바디감을 특징으로 하며 과하지 않은 무게감으로 마시기가 편안합니다. 풍부한 단맛과 초콜릿, 견과류, 열대 과일 등의 풍미가 어우러져 깊은 맛을 제공하고 마무리가 깨끗해서 전 세계 커피 애호가들 사이에서 인기가 높습니다.

재배지역

• **우일라** : 콜롬비아 남서부에 위치한 주요 커피 생산지로, 1,000~1,200미터 고지대에서 커피가 재배됩니다. 눈 덮인 화산 주변의 비옥한 토양이 특징이며 과일향이 두드러지고 복합적인 산미와 부드러운 바디감을 자랑합니다.

• **나리뇨** : 콜롬비아 남부에 위치한 지역으로, 1,800미터 이상의 높은 고도에서 커피가 재배됩니다. 강렬한 산미와 복합적이며 깊은 맛이 특징이며 부드럽고 감미로운 질감을 제공합니다.

• **카우카** : 대도시인 '인자'와 '포파얀'을 중심으로 한 커피 생산지로, 다양한 해발고도에서 커피가 재배됩니다. 과일향과 플로럴한 향미가 특징이며 밝고 선명한 맛을 가지고 있습니다.

브라질

생산량	재배종	수확시기	가공방법
세계 1위	로부스타종, 아라비카종	5월~9월	내추럴, 워시드, 세미워시드

세계 최대의 커피 생산국이자 수출국으로 전 세계 커피 생산량의 약 30% 이상을 차지합니다. 1727년 커피나무가 처음 전해진 후 온화한 기후와 비옥한 토양 덕분에 빠르게 재배가 확산되었습니다. 19세기 중반부터 커피 산업은 브라질 경제에서 중요한 역할을 하였고, 20세기 초 대규모 농장과 기계화된 수확 방식을 도입해 세계 최대 생산국이 되었습니다. 국가 차원에서 스페셜티 커피 산업을 지원하고, 고품질 커피 생산을 이끌고 있습니다.

특징

브라질 커피는 부드럽고 균형 잡힌 맛을 자랑하며 고소한 견과류와 초콜릿, 캐러멜의 풍미가 특징입니다. 일반적으로 낮은 산미와 부드러운 바디감을 가지고 있어 마시기 편안하고 부드러운 느낌을 줍니다. 특히 에스프레소 블렌딩의 베이스 원두로 사용될 때 강렬한 풍미와 깊이를 더해줍니다.

바이아 Bahia
에스피리토 산토 Espirito Santo
상파울루 Sao Paulo
마타스 지 미나스 Matas de Minas

재배지역

• **마타스 지 미나스** : 브라질 최대의 커피 생산지역으로 브라질 전체 커피 생산량의 약 50%를 차지합니다. 다양한 풍미와 안정적인 품질로 유명합니다.

• **상파울루** : 비교적 건조한 날씨에서 내추럴 방식으로 가공된 아라비카 커피가 생산되며, 깊고 균형 잡힌 맛으로 평가받고 있습니다.

• **에스피리토 산토** : 로부스타 커피 생산이 활발한 지역으로 균형 잡힌 커피 맛을 제공합니다.

• **바이아** : 브라질 북동부의 신흥 커피 재배 지역으로 스프링클러 관개 시스템을 활용하여 고품질 커피를 생산하고 있으며, 최근에 스페셜티 커피 시장에서 주목받고 있습니다.

페루

생산량	재배종	수확시기	가공방법
세계 10위	아라비카종	4월~9월	워시드

안데스 산맥의 고지대에서 고품질 아라비카 커피를 생산하며, 유기농 커피와 스페셜티 커피 시장에서 주목받고 있습니다. 페루에서 커피 재배는 18세기 중반에 시작되었으며, 19세기 말부터 중요한 농산물로 자리 잡았습니다. 현재 페루는 고품질 스페셜티 커피와 유기농 커피 생산국으로 널리 알려져 있으며, 공정 무역 인증 커피의 비중이 높아 윤리적 소비를 중시하는 글로벌 시장에서 큰 인기를 끌고 있습니다.

특징

안데스 산맥의 비옥한 토양과 고산지대에서 유기농으로 재배된 페루 커피는 밝고 선명한 산미와 부드러운 바디감을 자랑합니다. 주로 과일, 특히 베리류의 향이 두드러지며, 초콜릿, 캐러멜, 견과류의 풍미가 어우러져 복합적인 맛을 제공합니다.

재배지역

- **카하마르카** : 페루 북부에 위치한 주요 커피 생산지로, 전체 커피 생산량의 약 70%를 차지합니다. 해발 1,200~1,800미터의 고지대에서 커피가 재배되며, 밝고 균형 잡힌 산미와 깨끗한 맛이 특징입니다.

- **후닌** : 페루 중부의 주요 커피 재배지로 높은 고도에서 뛰어난 품질의 커피가 생산됩니다. 초콜릿과 견과류의 풍미가 두드러지며, 균형 잡힌 바디감을 가진 커피가 특징입니다.

- **산 마르틴** : 북부에 위치한 지역으로 고산지대의 비옥한 토양 덕분에 풍부한 맛과 향을 지닌 커피가 생산되며 유기농 커피 생산으로 유명합니다.

Chapter 02.

커피의 맛을
결정짓는 로스팅

진정한 커피의 맛은 로스팅에서 시작됩니다. 바리스타 또는 카페를 운영하고 계신 사장님으로서 커피의 맛과 향을 결정 짓는 중요한 과정인 로스팅에 대해 얼마나 알고 계신가요? 이 Chapter에서는 로스팅이 커피의 특성에 어떤 영향을 미치는지, 그리고 바리스타가 로스팅을 이해해야 하는 이유 를 설명합니다. 로스팅이 커피 맛에 미치는 변화를 알고, 다 양한 로스팅 프로파일을 활용해 고객에게 최고의 커피를 제 공하는 방법을 알아보겠습니다.

바리스타가 로스팅을 알아야 하는 이유

바리스타가 로스팅에 대해 알아야 하는 이유는 커피의 품질과 맛을 최적으로 관리하고,
다양한 추출 방식에 맞는 커피를 제공하는 중요한 역할을 하기 때문이다.

❶ 커피 맛을 이해하기 위해

로스팅은 커피의 맛과 향을 결정짓는 중요한 과정입니다. 바리스타가 로스팅 단계를 이해하면 커피 맛이 어떻게 형성되는지 더 잘 알 수 있습니다. 예를 들어, 라이트 로스팅은 과일 향과 산미가 두드러지며, 다크 로스팅은 쓴맛과 진한 초콜릿 같은 풍미가 강조됩니다. 이러한 이해를 바탕으로, 고객이 원하는 맛에 맞춰 커피를 더욱 효과적으로 추천할 수 있습니다.

❷ 추출 시간을 조절하기 위해

원두는 로스팅 정도에 따라 밀도와 내부 구조가 변하며, 이는 추출 과정에 영향을 미칩니다. 바리스타는 이를 이해하고 로스팅 정도에 맞춰 추출 시간을 조정해야 최상의 맛을 낼 수 있습니다. 예를 들어, 다크 로스팅 원두는 밀도가 낮아 물이 빠르게 통과하므로 추출 시간을 짧게, 라이트 로스팅 원두는 밀도가 높아 물이 천천히 스며들어 추출 시간을 길게 설정하는 것이 좋습니다.

❸ 커피 원두의 신선도를 평가하기 위해

로스팅 된 원두는 시간이 지남에 따라 풍미가 점차 변합니다. 바리스타가 로스팅 시점을 알고 있다면 원두의 신선도를 평가하고, 최상의 맛을 이끌어낼 시점을 판단할 수 있습니다. 로스팅 후 시간이 얼마 지나지 않은 원두는 가스 방출이 활발하여 에스프레소 추출 시 크레마가 풍성하게 형성됩니다. 반면, 시간이 오래된 원두는 크레마가 얇아지거나 거의 형성되지 않으며, 풍미 역시 약해질 수 있습니다.

❹ 추출 방식에 맞는 로스팅 선택

바리스타는 커피 추출 방식에 따라 적합한 로스팅 정도를 선택할 수 있어야 합니다. 예를 들어, 에스프레소 추출에는 다크 로스팅 원두가 잘 어울리는 경우가 많아 진하고 풍부한 맛을 제공합니다. 반면, 드립 커피에는 라이트 로스팅이 적합하여 밝고 섬세한 향미를 느낄 수 있습니다. 추출 방식에 따라 로스팅 정도를 선택하면 원두의 고유한 특성을 최대한 살릴 수 있습니다.

❺ 원두별 특성에 맞는 로스팅 선택

원두는 원산지별로 고유한 특성을 지니며, 이를 살리려면 각 원산지에 맞는 로스팅이 필요합니다. 바리스타가 직접 로스팅 하는 경우는 드물지만, 이를 이해하면 원두의 특성을 극대화하는 방법을 알 수 있습니다. 예를 들어, 에티오피아 예가체프는 라이트 로스팅으로 과일향과 플로럴한 향미를, 브라질 원두는 다크 로스팅으로 견과류와 초콜릿 풍미를 강조할 수 있습니다.

로스팅이란?

로스팅은 '생두'를 고온에서 가열하여 다양한 화학적 변화를 일으켜,
맛과 향, 색 등 고유의 특징을 지닌 '원두'로 변화시키는 과정이다.

생두의 구조

생두는 커피 열매의 씨앗 부분으로 크게 외피, 은피, 생두의 세 층으로 구성됩니다. 외피는 외과피, 펄프(과육), 내과피(파치먼트)로 이루어져 있으며 커피 가공 과정에서 제거됩니다. 은피는 파치먼트 안쪽에 있는 얇은 막으로 로스팅 과정에서 생두가 팽창하면서 대부분 벗겨져 떨어지는데, 이를 '채프(Chaff)'라고 부릅니다. 생두는 커피 열매의 실제 씨앗으로 로스팅을 통해 고유의 향미 성분이 발현되는 커피의 핵심 부분으로 생두의 내부 성분은 커피 맛을 결정짓는 중요한 요소가 됩니다.

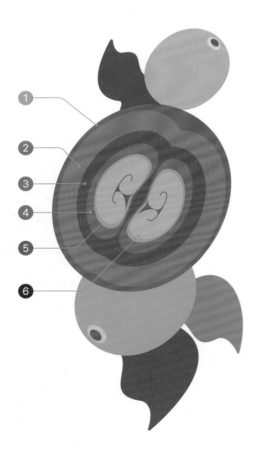

1 외피 Skin
커피 열매의 가장 바깥쪽에 있는 얇고 부드러운 껍질을 말합니다. 열매가 익으면 빨간색 또는 노란색으로 변합니다.

2 펄프 Pulp
외피의 안쪽에 있는 과육으로 단맛과 수분을 포함하고 있지만 커피 가공시 제거됩니다.

3 뮤실리지 Muscilage
과육의 안쪽에 있는 끈적한 점액질로 당분과 펙틴이 포함되어 있으며 생두 가공시 중요한 역할을 합니다.

4 파치먼트 Parchment
은피의 외부에 있는 딱딱한 껍질로 생두를 보호하고 있는 껍질입니다.

5 은피 Silverskin
생두를 감싸고 있는 얇은 막으로 로스팅시 생두에서 떨어져 나가게 됩니다.

6 생두 Been
흔히 원두라고 부르는 서로 마주 보고 있는 두 개의 반원형 씨앗으로, 커피의 맛과 향을 결정짓는 가장 중요한 부분입니다.

생두의 주요 성분

생두는 수분, 탄수화물, 단백질, 지방, 산, 알칼로이드, 무기질 등으로 구성되어 있으며 로스팅과 추출 과정에서 커피의 맛과 향을 형성하는 데 중요한 역할을 합니다. 수분은 열전달과 균일한 로스팅을 돕고 탄수화물과 단백질은 마이야르 반응과 캐러멜화를 통해 풍미를 만들게 됩니다. 카페인은 쓴맛과 각성 효과를, 지방은 바디감과 크레마 형성을, 산과 무기질은 산미와 맛의 균형을 책임집니다.

탄수화물 Carbohydrates

탄수화물은 셀룰로오스와 수용성 탄수화물(당류)로 구성되며, 로스팅 과정에서 캐러멜화되어 단맛을 형성하고 마이야르 반응을 통해 다양한 향미를 형성합니다.

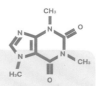

카페인 Caffeine

카페인은 커피의 쓴맛과 자극적인 느낌을 만드는 성분입니다. 로스팅 과정에서 카페인 양은 거의 변하지 않지만 원두의 종류에 따라 함량이 다를 수 있습니다.

수분 Water

생두는 약 8~12%의 수분을 포함하고, 로스팅 과정에서 수분이 증발하면서 생두가 팽창하고 향미 성분들이 발현됩니다. 적절한 수분 배출이 이루어져야 최적의 원두를 얻을 수 있습니다.

지방 Lipids

생두에 포함된 지방 성분은 커피의 바디감을 높이고, 커피 추출 시 크레마를 형성하는 데 중요한 역할을 합니다. 또한 향미를 저장하는 역할을 하여 신선한 커피의 향을 유지하게 합니다.

단백질 Proteins

단백질은 탄수화물과 함께 마이야르 반응을 일으켜 커피의 색과 고소한 향, 깊은 풍미를 만드는 데 중요한 역할을 하는 성분입니다.

산 Acids

생두에는 구연산, 클로로겐산, 아세트산 등 다양한 산이 포함되어 있으며, 이들 산은 커피의 산미를 형성하고 맛의 균형을 맞추는 역할을 합니다.

로스터기의 구조

로스터기는 생두를 로스팅 하여 다양한 풍미와 향미를 가진 원두로 만들어 내는 장비다.
로스터기는 여러 가지 디자인과 크기가 있지만 다음과 같은 주요 부품들로 구성된다.

로스터기에서 한 번에 로스팅 하는
원두의 양을 '1배치'라고 해요.

1 생두 호퍼

로스터기의 가장 위쪽에 있는 V자 또는 U자 모양의 구조물로 생두를 드럼 내부로 투입하는 역할을 합니다.

3 테스트 스푼

로스팅을 진행하는 과정 중에 원두의 일부를 꺼내 색상, 향, 상태 등을 확인할 수 있게 해주는 도구입니다.

5 냉각통

로스팅이 끝난 원두를 빠르게 식혀 과도한 로스팅을 방지하고 원두의 맛과 향을 안정적으로 유지합니다.

7 덕트

로스팅 중 발생한 연기와 가스를 배기 댐버로 유도하여 실외로 배출, 유해 물질의 확산을 방지합니다.

9 온도계

로스터기 내부의 온도를 측정하여 정확한 로스팅을 할 수 있도록 도와줍니다.

11 실버스킨 서랍

로스팅 중 생두에서 떨어져 나온 은피(채프)와 기타 불순물이 모이는 서랍입니다.

2 드럼 본체

로스터기의 핵심 부품인 원통형 회전 장치로 투입된 생두가 회전하며 가열되어 로스팅이 진행됩니다.

4 확인창

로스터기 내부에서 원두가 로스팅 되는 과정을 실시간으로 확인할 수 있는 창입니다.

6 배기 댐버

로스팅 중 발생하는 연기, 열기 등을 배출하여 로스터기 내부의 공기 흐름과 온도를 조절하는 장치입니다.

8 사이클론

로스팅 중에 발생한 연기와 먼지를 제거해 로스터기의 내부를 깨끗하게 유지하는 장치입니다.

10 가스 압력계

가스 공급원의 압력을 측정해 가스 공급이 원활하게 이루어지는지를 확인하는 장치입니다.

집이나 매장에서 쉽게 할 수 있는 홈 로스팅

집에서 커피 생두를 직접 로스팅 하는 것을 홈 로스팅이라고 합니다. 홈 로스팅은 자신만의 커피를 신선하게 즐길 수 있는 방법으로, 커피 매니아들 사이에서 인기를 끌고 있습니다. 주로 소형 로스터기나 프라이팬을 사용해 생두를 로스팅 하며, 시간과 노력이 필요하지만 로스팅 과정을 조절해 자신만의 독특한 커피를 만들 수 있습니다. 다양한 원두를 직접 로스팅하고 결과를 비교하는 과정을 통해 원두의 특성을 깊이 이해할 수 있습니다.

로스터기의 종류

원두 로스터기는 생두를 고르게 로스팅 하기 위해 전도열, 복사열, 대류열을 복합적으로 사용하여
생두에 열을 전달한다. 로스터기의 열전달 방식은 드럼 구조에 따라 달라진다.

로스터기의 스타일

로스터기의 스타일은 크게 직화식, 반열풍식, 열풍식으로 나뉘며, 각각의 방식은 로스팅 과정과 커피 원두의 맛에 독
특한 영향을 미칩니다.

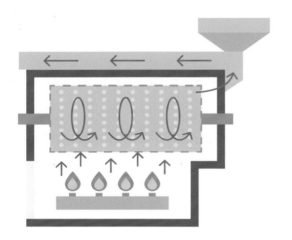

직화식 로스터기

직화식 로스터기는 드럼통 아래의 불길이 생두에 직접
열을 전달하는 방식으로, 드럼 내부에 타공된 구멍이
있어 생두가 회전하며 전도열로 로스팅 됩니다. **불꽃이
직접 생두에 닿아 강한 열을 전달하기 때문에 짧은 시간
안에 로스팅**을 마칠 수 있으며, 강한 캐러멜화와 스모키
한 풍미를 강조할 수 있습니다. 다만, 로스팅 과정이 까
다로워 잘못하면 탄내나 풋내가 날 수 있습니다. 숙련된
로스터는 이 방식으로 원두의 개성을 돋보이게 할 수 있
습니다.

반열풍식 로스터기

반열풍식 로스터기는 전도, 복사, 대류열을 고르게 활
용하는 방식으로, 균일한 로스팅이 가능하도록 설계되
었습니다. 이 방식은 **직화식과 불의 위치는 비슷하지
만, 원두 내부까지 열이 충분히 전달되는** 구조로 만들어
져 있습니다. 반열풍식으로 로스팅한 원두는 홀빈 상태
와 분쇄 후 상태에서 색도 차이가 적게 나타나는데, 이
는 열이 원두 전체에 고르게 전달된 결과입니다. 그러나
원두의 고유 개성을 표현하기에는 다소 한계가 있으며,
열풍식 로스터기에 비해 맛이 깨끗하지 않을 수 있다는
단점이 있습니다.

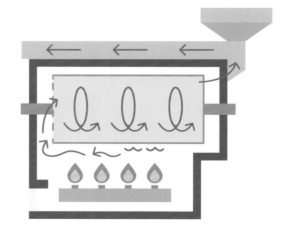

열풍식 로스터기

열풍식 로스터기는 **뜨거운 공기를 사용하여 생두를 대류열로 익히는 방식**입니다. 이 방식은 예열 시간이 길고, 로스팅 중 온도 제어가 까다로워 세심한 관찰과 빠른 판단이 필요합니다. 드럼 내부 온도가 즉각적으로 조절되지 않기 때문에 화력을 줄이더라도 원두가 계속 익어가는 특성이 있어, 이를 고려한 정밀한 로스팅이 요구됩니다. 열풍식 로스터기의 장점은 데워진 공기가 원두를 사방에서 감싸 균일하게 익힐 수 있다는 점입니다. 또한, 로스팅 중 발생하는 채프와 이물질이 배기를 통해 효과적으로 제거되어 커피의 맛이 깔끔하게 표현됩니다.

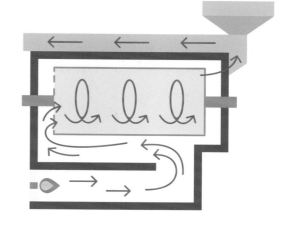

로스터기의 열전달 방식

로스터기에서 사용되는 열전달 방식은 전도열, 대류열, 복사열로 이들 방식은 로스팅 과정과 결과에 큰 영향을 미칩니다. 각 방식은 생두에 열을 전달하는 방법이 달라 로스팅 된 후 원두의 특성과 맛에 큰 차이가 나게 됩니다.

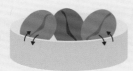

전도열 Conduction

차가운 생두가 뜨겁게 예열된 로스터기의 드럼에 들어오면 생두 표면에 빠르게 열이 전달되어 생두 내부까지 고르게 로스팅 됩니다.

복사열 Radiation

열이 생두에 직접 접촉하지 않고 전달되는 방식으로, 로스터기 내부의 히터나 열판에서 발생한 복사열이 생두로 전달됩니다.

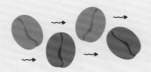

대류열 Convection

로스터기 내부의 팬이 뜨거운 공기를 순환시켜 생두 전체에 열이 고르게 퍼지도록 하여 생두를 익히는 방법입니다. 공기의 흐름이 잘 조절되면 로스팅이 균일하게 이루어집니다.

로스팅 과정

로스팅 과정은 생두의 물리적, 화학적 변화가 일어나는 단계로, 각 단계마다 커피의 맛과 향이 달라진다.
바리스타가 로스팅 프로세스를 단계별로 이해하면 원하는 커피 맛을 정확하게 조절할 수 있다.

건조 단계

3~4분

건조 단계(수분 제거)

로스팅의 초기 단계는 **원두의 수분을 증발시키는 흡열 과정**에 중점을 둡니다. 생두는 약 10~12%의 수분을 함유하고 있으며, 가열된 공기와 드럼에서 전달되는 전도열, 복사열을 흡수하면서 내부의 수분이 서서히 줄어듭니다. 이 과정은 본격적인 로스팅을 위한 중요한 단계로, 원두가 열을 받아 수분을 증발시키며 본격적인 로스팅을 하기 위한 준비를 마치게 됩니다.

- **온도** 약 120~160°C
- **시간** 3~4분
- **변화** 색상은 녹색 또는 연한 황갈색을 유지하며 향기나 맛에 큰 변화는 없다.

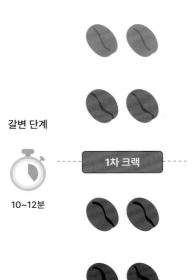

갈변 단계

1차 크랙

10~12분

갈변 단계(색, 향미 발달)

중요한 화학적 변화가 일어나는 시기입니다. 이 시기에는 마이야르 반응과 캐러멜화가 일어나며, 생두는 갈색으로 변하고 견과류, 빵, 캐러멜과 같은 향이 발산됩니다. **원두의 색이 본격적으로 변하기 시작하고, 화학적인 변화가 활발히 진행**됩니다. 생두의 온도가 상승함에 따라 내부 압력이 증가하고, 1차 크랙(First Crack)이 발생하는 소리가 들리며 원두는 두 배로 팽창하게 됩니다.

- **온도** 약 170~200°C
- **시간** 10~12분
- **변화** 원두가 연한 갈색에서 갈색으로 변하고 신맛과 단맛이 형성되며 향미가 발달한다.

건열 분해 단계(커피 맛의 완성)

원두의 맛과 향을 결정짓는 시기입니다. 원두의 온도는 200~230°C로 상승하고, 내부에서 생성된 열이 외부로 발산되는 발열 반응이 일어납니다. 1차 크랙 이후 원두는 계속해서 변화를 겪으며, 신맛은 줄어들고 쓴맛과 바디감이 강조됩니다. 이 시기부터 다크 초콜릿, 캐러멜, 스모키한 향미가 발달하는데 로스팅이 더 진행되면 2차 크랙이 발생하고, 원두는 더욱 풍부하고 깊은 맛을 형성합니다. 로스팅 시간이 길어지면 태운 맛이 나고 원두 표면에 기름이 나타나게 됩니다.

건열 분해 단계

20분

- **온도** 약 200~230°C
- **시간** 20분
- **변화** 원두의 색이 짙은 갈색에서 검정색에 가까워지고 쓴맛과 강한 향미가 발생한다.

냉각 단계

로스팅이 원하는 정도에 도달하면 즉시 냉각을 시작해야 합니다. 빠른 냉각이 중요한 이유는, 만약 냉각이 지연되면 **원두 내부에 남아 있는 잔열에 의해 로스팅이 계속될 수 있기 때문**입니다. 냉각 방법으로는 공기를 순환시켜 원두의 온도를 낮춰주는 공기 냉각 방식이 주로 사용됩니다.

냉각 단계

2~5분

- **시간** 로스팅 종료 직후, 약 2~5분
- **변화** 원두의 열을 빠르게 식혀 로스터가 원하는 상태에서 로스팅 진행이 멈춰지도록 한다.

로스팅 프로파일

로스팅 프로파일은 로스팅 과정의 온도와 시간의 변화를 기록한 것으로 로스터는 프로파일을 통해
원두의 특성과 최적의 로스팅 조건을 파악하여 일관된 품질의 커피를 생산할 수 있다.

로스팅 프로파일이란?

로스팅 프로파일은 **생두를 로스팅 하는 동안의 시간, 온도, 열 변화 등을 체계적으로 기록하고 관리한 데이터**입니다.
이 프로파일은 로스팅 과정에서 일어나는 모든 변화를 시각적으로 보여주는데, 원하는 맛과 향을 얻기 위한 로스팅
조정에 중요한 역할을 합니다. 로스팅 프로파일은 기본적인 도표를 기반으로 하지만, 생두의 종류와 로스터의 철학
에 따라 다르게 설계됩니다. 그래서 같은 원두라도 로스터에 따라 맛이 달라지게 됩니다. 잘 설계된 로스팅 프로파일
은 일관된 맛과 품질의 커피를 제공할 수 있게 해주며, 특히 스페셜티 커피를 다루는 로스터리에서는 이를 매우 중요
하게 여깁니다.

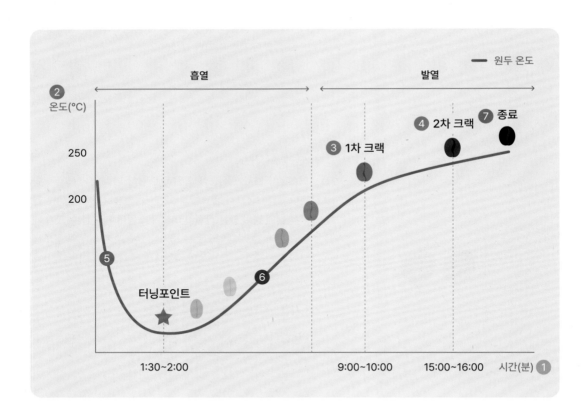

① 시간

로스팅 과정은 시간에 따라 나누어지며 각 단계별 시간이 커피 맛에 영향을 미치게 됩니다. 예를 들어, 낮은 온도로 서서히 로스팅 하면 산미가 강조되고, 고온에서 빠르게 로스팅 하면 깊고 진한 맛이 발현됩니다.

② 온도

로스터기 내부 온도는 커피의 변화를 결정짓는 중요한 요소로, 로스팅 각 단계에서 점진적으로 조절되며, 일반적으로 1차 크랙 전 200℃, 2차 크랙 전 230℃ 이상에 도달하며 커피 맛을 결정하게 됩니다.

③ 1차 크랙

생두 온도가 약 170~200℃에 도달하면 생두 내 수분이 증발해 발생하는 파열음으로, 로스팅이 중간 단계에 도달했음을 알리고 원두의 향과 맛이 결정되기 시작합니다.

④ 2차 크랙

1차 크랙 이후 원두의 온도가 약 220~230℃로 상승하면 발생하는 두 번째 파열음으로 더 깊은 로스팅이 이루어졌음을 알려줍니다. 깊은 로스팅이 진행될수록 원두의 맛은 고소함과 쓴맛이 강조됩니다.

⑤ 온도 곡선

로스팅 프로파일의 중요한 요소인 온도 곡선은 시간에 따른 온도 변화를 그래프로 나타내며, 로스터기 데이터를 기반으로 추적하고 조정할 수 있습니다.

⑥ 상승 곡선

로스팅 초반부에서 온도가 얼마나 빠르게 상승하는지에 따라서 원두의 내부와 외부가 균일하게 익는 정도를 나타냅니다. 이 구간에서의 온도 상승 속도에 따라 원두의 산미와 향이 달라지게 됩니다.

⑦ 종료

로스팅이 끝나는 온도로 일반적으로 200~240℃ 사이에서 결정됩니다. 종료 온도가 높을수록 커피는 쓴맛이 강해지게 됩니다.

Barista's Tips

로스팅 프로파일의 중요성

로스팅 프로파일은 커피 맛을 결정하는 핵심 요소로, 이를 체계적으로 관리하고 조정하는 것은 좋은 커피를 만들기 위한 필수 과정입니다. 잘 설계된 로스팅 프로파일은 일관된 커피 맛을 제공할 수 있어 상업적인 로스터리에서 특히 중요합니다. 원두의 특성과 로스팅 목적에 맞는 프로파일을 사용하면 각 원두의 개성을 더욱 잘 살릴 수 있게 됩니다. 예를 들어, 밝고 산미가 강조된 원두는 낮은 온도에서 빠르게 로스팅하고, 강렬한 바디감이 필요한 원두는 높은 온도에서 오래 로스팅 하는 방식이 효과적입니다. 특히 스페셜티 커피에서는 특정 품종이나 지역의 특성을 극대화하기 위해 세밀하게 조정된 로스팅 프로파일이 요구됩니다.

로스팅 단계

원두의 맛과 향에 큰 영향을 미치는 로스팅 세기는 일반적으로 8단계로 구분된다.
각 로스팅 단계마다 원두의 맛과 향이 달라지며, 그에 따라 적합한 음료도 다르게 선택할 수 있다.

로스팅의 단계 구분

로스팅 단계는 원두의 로스팅 정도를 표현하는 말로 크게 라이트, 미디엄, 다크의 세 가지 단계로 구분됩니다. '배전도(焙煎度)'라는 용어도 같이 사용하기도 하는데, 이는 일본의 커피 문화에서 영향을 받아 약배전, 중배전, 강배전으로 말하기도 합니다. 로스터들은 이 로스팅 단계를 더욱 세분화하여 8단계로 나누어 사용하며, **생두의 특성에 맞는 강도를 선택해 로스팅을 진행**합니다. 로스팅 단계에 따라 커피를 추출하는 방법도 달라지는데, 예를 들어, 라이트 로스트는 주로 드립 커피에 적합하고, 다크 로스트는 라떼나 카푸치노와 같은 우유를 섞은 음료에 잘 어울립니다. 로스팅이 약하게 진행된 원두는 자연스러운 산미와 과일, 꽃 향기가 강조되며, 로스팅이 강하게 진행된 원두는 쓴맛, 다크 초콜릿, 스모키한 맛이 두드러지게 됩니다.

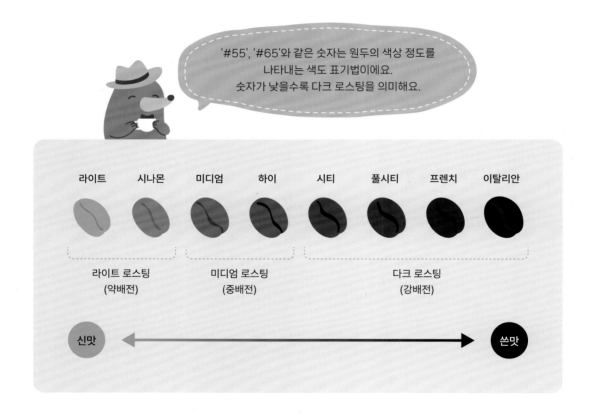

'#55', '#65'와 같은 숫자는 원두의 색상 정도를
나타내는 색도 표기법이에요.
숫자가 낮을수록 다크 로스팅을 의미해요.

| 라이트 | 시나몬 | 미디엄 | 하이 | 시티 | 풀시티 | 프렌치 | 이탈리안 |

라이트 로스팅
(약배전)

미디엄 로스팅
(중배전)

다크 로스팅
(강배전)

신맛 ← → 쓴맛

라이트 로스트 Light Roast

라이트 로스트는 가장 연한 로스팅 단계로, 원두는 밝은 갈색을 띠고 표면에 기름이 없습니다. 원두 본연의 특성과 산미가 두드러지며 과일과 꽃 향이 강하게 나타나며, 주로 스페셜티 커피에 적합하며 색도는 #95입니다.

시나몬 로스트 Cinnamon Roast

시나몬 로스트는 황갈색을 띠며 라이트 로스트보다 더 깊게 로스팅됩니다. 시나몬처럼 스파이시한 향이 나고 강한 산미와 약한 단맛이 특징입니다. 섬세한 맛의 원두에 적합하며 밝은 과일 향과 달콤한 맛이 강조되고 색도는 #85입니다.

미디엄 로스트 Medium Roast

미디엄 로스트는 밤색을 띠며 라이트 로스트보다 산미가 줄어들고, 산미와 단맛이 균형을 이룹니다. 표면은 건조한 상태를 유지하며, 원두의 특성과 로스팅의 조화가 돋보입니다. 다양한 추출 방식에 적합하며 색도는 #75입니다.

하이 로스트 High Roast

하이 로스트는 연한 갈색에서 진한 갈색을 띠며, 미디엄 로스트보다 깊게 로스팅되어 단맛이 더욱 강조되고 복잡한 향미가 나타납니다. 산미와 단맛이 조화를 이루며 색도는 #65입니다.

시티 로스트 City Roast

시티 로스트는 첫 번째 크랙 직후의 단계로, 갈색을 띠며 원두 표면에 약간의 기름이 나타납니다. 단맛과 신맛의 균형이 잡히고 초콜릿이나 캐러멜 같은 단맛이 강조되며, 산미는 줄어듭니다. 고소한 뉘앙스와 깊은 풍미를 느낄 수 있으며, 색도는 #55입니다.

풀시티 로스트 Full City Roast

풀시티 로스트는 진한 갈색을 띠며, 시티 로스트보다 더 깊게 로스팅되어 원두 표면에 기름이 반짝이기 시작합니다. 쓴맛과 고소함이 강해지고 스모키한 향이 나타납니다. 단맛과 산미는 감소하고 초콜릿이나 견과류의 풍미가 강조되며 색도는 #45입니다.

프렌치 로스트 French Roast

프렌치 로스트는 검은색에 가까운 갈색을 띠며, 쓴맛과 스모키한 향이 강하게 나타납니다. 단맛과 산미는 거의 사라지고 원두 표면에 기름이 뚜렷이 보입니다. 원두 고유의 특성은 약해지고, 라떼나 카푸치노와 같은 우유 음료에 적합합니다. 색도는 #35입니다.

이탈리안 로스트 Italian Roast

이탈리안 로스트는 거의 검은색에 가까운 가장 깊은 로스팅 단계로, 단맛과 산미는 거의 사라지고 강한 쓴맛이 지배적입니다. 스모키하고 다크 초콜릿, 탄 맛이 특징이며 기름기가 많아 이탈리안식 에스프레소나 우유 음료에 적합합니다. 색도는 #25입니다.

원두의 숙성(디개싱)

로스팅 과정에서 원두는 다양한 화학적 반응이 일어나며, 이 과정에서 이산화탄소(CO_2)가 생성된다.
로스팅 후, 원두 내부에 갇혀 있던 이산화탄소는 서서히 배출되는데 이 현상이 '디개싱'이다.

디개싱 숙성 의 중요성

생두에 열을 가해 로스팅하면 다양한 화학 반응을 통해 이산화탄소(CO_2)를 포함한 가스들이 원두 내부에 생성됩니다. 갓 로스팅된 원두는 이러한 가스를 많이 포함하고 있으며, **원두 속에 있는 가스가 배출되는 과정**이 디개싱(Degassing)입니다. 디개싱이 충분히 이루어지지 않으면 커피 추출 시 원래의 커피 맛이 아닌 다른 맛으로 느껴질 수 있습니다. 반면, 디개싱을 충분히 거친 원두는 다양한 향미 성분이 선명하게 드러나며, 커피의 아로마와 맛이 더욱 풍부하고 균형 잡힌 상태가 됩니다. 디개싱은 원두의 품질을 극대화하는 과정으로, 원두가 최상의 상태로 준비되는 '성숙기'라고 할 수 있습니다.

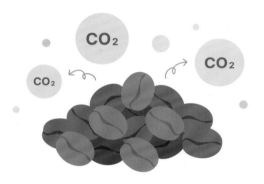

디개싱의 기간

로스팅 된 원두는 2~3일 정도 지나면 가스가 배출되어 커피를 추출하기에 좋은 환경이 됩니다. 그런데 일반 카페에서 최적의 디개싱 날짜에 맞춰 하루에 주문한 모든 원두를 소진하는 것은 어렵습니다. 그래서 **로스팅 후 2~3일 정도의 디개싱 기간을 두고, 가능한 빨리 원두를 소진할 수 있는 원두 소진 기간을 설정하고 사용**하는 것이 좋습니다. 로스팅한 지 얼마 되지 않은 원두를 사용하면 가스가 충분히 빠져나가지 않아 커피 맛이 떨떠름하거나 신맛이 날 수 있고, 크레마가 과도하게 추출될 수 있습니다.

여름에는 온도가 높아 원두의 향미가 빠르게 손실되고, 겨울에는 낮은 온도로 인해 향미의 손실 속도가 느려집니다. 이에 따라 계절에 맞춰 주문량을 조절하기도 합니다. 또한, 로스팅 정도에 따라 디개싱 기간이 달라집니다. 라이트 로스트 원두는 열이 적게 가해져 이산화탄소가 천천히 방출되므로 다크 로스트 원두보다 더 긴 디개싱 시간이 필요하며, 경우에 따라 7일 이상 걸리기도 합니다. 반면, 다크 로스트 원두는 강한 열을 받아 이산화탄소가 많이 생성되고 배출 속도도 빨라 비교적 짧은 디개싱 시간을 갖습니다.

원두 사용량에 따라 디개싱 여부 조정하기

매장의 원두 사용량에 따라 디개싱 여부를 조정할 수 있습니다. 커피 추출량이 적은 카페는 로스팅 된 원두를 별도로 디개싱 없이 바로 사용할 수 있지만, 이 경우 추출할 때마다 맛이 변할 수 있다는 점을 고려해야 합니다. 반면, 커피 추출량이 많은 카페에서는 디개싱을 통해 원두의 맛과 추출을 안정적으로 유지하는 것이 더 중요합니다.

디개싱 방법

원두를 디개싱할 때에는 외부 공기와의 접촉을 최소화하는 것이 중요합니다. 이를 위해 밀폐 용기를 사용하는 것이 이상적입니다. 다만, 완전히 밀폐된 용기는 원두에서 발생한 이산화탄소가 배출되지 않아 디개싱이 원활하게 이루어지지 않을 수 있습니다. 따라서 밀폐 용기를 사용할 경우에는 가스 배출 밸브가 있는 제품을 사용하는 것이 효과적입니다. 만약 밀폐 용기를 사용하기 어렵다면, **'아로마 밸브(One-Way Valve)'가 장착된 포장재를 사용하는 것이 가장 효과적**입니다. 아로마 밸브는 내부에서 발생한 이산화탄소는 배출하면서도 외부 공기가 들어오지 않도록 설계되어 있어, 자연스럽게 디개싱을 진행하며 원두의 신선도를 유지할 수 있습니다.

아로마 밸브

CO_2

분쇄된 원두는 산화가 빨라져 향미가 손상될 수 있기 때문에 분쇄하지 않은 상태에서 숙성하는 것이 좋아요.

원두의 보관 방법

로스팅 된 원두는 신선도와 풍미를 유지하기 위해 바르게 보관하는 것이 매우 중요하다.
원두를 잘못 보관하면 맛이 빠르게 변하거나 산패가 일어나 원두 고유의 향과 맛을 잃을 수 있다.

원두 보관의 중요성

로스팅 된 원두는 보관 방법에 따라 신선도가 크게 달라집니다. 잘 보관된 원두는 풍부한 향미와 깔끔한 맛, 복합적인 향이 지속적으로 살아있지만, 보관을 잘못한 원두는 밋밋하고 평범한 맛을 내거나 잡미가 생길 수 있습니다. **원두의 신선도는 공기, 습기, 빛, 열에 크게 영향을 받습니다.** 공기와 접촉하면 산화가 일어나 맛과 향이 빠르게 저하되고, 습한 곳에서는 곰팡이가 생기거나 맛이 변할 수 있습니다. 직사광선이나 높은 온도에 노출되면 원두 속 오일이 분해되어 쓴맛과 탁한 향이 납니다. 따라서 원두는 공기, 빛, 습기, 열로부터 철저히 보호하는 것이 중요합니다.

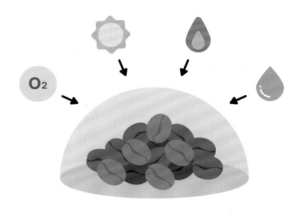

원두의 보관 기간

원두는 **로스팅 후 2~3주 동안 최고의 신선도를 유지하며, 이 시기가 지나면 점차 맛과 고유한 향이 사라지기 시작**합니다. 원두 소비량이 적은 카페라면 작은 양을 여러 번 구매하여 빠르게 소비하는 것이, 신선도를 유지하는 가장 좋은 방법입니다. 분쇄된 원두는 산소와 접촉하는 면적이 넓어 홀빈보다 향미 손실이 빠르게 진행되므로 가급적 필요한 양만 분쇄하여 바로 사용하고, 나머지는 홀빈 상태로 보관하는 것이 신선도를 유지하는 최상의 방법입니다.

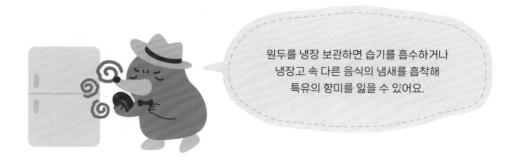

원두를 냉장 보관하면 습기를 흡수하거나
냉장고 속 다른 음식의 냄새를 흡착해
특유의 향미를 잃을 수 있어요.

원두 보관 방법

원두의 신선도를 유지하려면 공기를 차단할 수 있는 밀폐 용기에 보관하고, 어둡고 서늘한 장소에 두는 것이 가장 효과적입니다.

밀폐 용기   아로마 밸브 포장재

밀폐된 용기 사용

밀폐 용기는 산화를 늦추고 신선도를 유지하는 데 효과적이지만, 이산화탄소를 배출할 수 있는 가스 밸브가 있는 제품을 사용하는 것이 좋습니다. 또한, **아로마 밸브가 부착된 포장지를 그대로 사용해 보관하는 것도 신선도를 유지하는 데 효과적**인 보관 방법입니다.

어두운 곳에 보관

원두가 빛에 노출되면 표면의 오일 성분이 산화되어 쓴맛이 강해지거나 변질된 맛이 나타날 수 있습니다. 특히, 투명한 밀폐 용기에 보관할 경우에는 반드시 빛이 없는 어두운 장소에서 보관해야 합니다.

서늘한 장소에서 보관

원두는 일반적으로 15~25℃ 사이의 온도에서 보관하는 것이 이상적이며, 상온에서 보관할 때에는 서늘한 곳에 두는 것이 좋습니다. 온도가 높은 곳에서 보관하면 커피의 향미가 빠르게 감소할 수 있습니다. 또한, 서늘한 곳이라고 해도 급격한 온도 변화나 습도가 높은 환경은 피해야 합니다.

냉동 보관 방법

원두는 밀폐 상태로 냉동 보관하면 산화를 늦춰 신선도를 오래 유지할 수 있습니다. 해동된 원두는 온도 변화로 생긴 습기가 품질에 영향을 줄 수 있기 때문에 재냉동은 피해야 합니다. 냉동 시에는 작은 단위로 소분해 보관하고, 사용전에는 충분히 해동시켜 사용하면 최상의 맛을 유지할 수 있습니다.

블렌딩 원두와 싱글 오리진 원두

우리가 마시는 커피 원두는 같은 곳에서 재배, 수확한 원두인 싱글 오리진과
두 개 이상의 산지에서 생산된 원두를 조합하여 만든 블렌딩 원두가 있다.

싱글 오리진과 블렌딩

싱글 오리진은 한 나라, 지역, 또는 특정 농장에서 수확한 원두로, **해당 산지의 고유한 특성을 그대로 표현한 커피**입니다. 넓게는 여러 농장에서 수확하여 한 곳에서 가공한 원두도 싱글 오리진으로 불립니다. 싱글 오리진 커피는 기후, 고도, 토양 등 지역적 특성에 따라 고유의 맛을 전달합니다. 그러나 특정 농장이나 수확 시기 등에 따라 공급이 한정적이라, 같은 풍미를 다른 해에 맛보는 것은 어려울 수 있습니다.

블렌딩은 두 개 이상의 다양한 산지(국가, 지역)의 원두를 조합하여 만든 커피로, 산지별 **원두의 특징과 장점을 살려 산미, 단맛, 바디감을 조화롭게 결합하거나 특정 맛의 프로필**을 만듭니다. 블렌딩을 통해 싱글 오리진에서는 느낄 수 없는 다양한 맛의 균형을 만들 수 있습니다. 블렌딩은 소비자의 취향에 맞춰 특정 풍미를 더하거나 밸런스를 맞춰 커스터마이즈 할 수 도 있습니다.

카페에서 사용하는 원두는 싱글이 좋을까? 블렌딩이 좋을까?

카페 운영에서 가장 중요한 것은 일관된 커피 맛입니다. 고객들은 자신이 좋아하는 커피 맛을 유지하는 카페를 선호하기 때문에, 커피 맛이 자주 변하면 고객을 잃을 수 있습니다. 따라서 **창업 시 원두 선택은 신중해야 하며, 운영 중에도 맛의 일관성을 유지하려는 노력이 필요합니다.** 원두 맛은 산지의 작황에 따라 변동이 있기 때문에, 싱글 오리진보다는 일정한 맛을 제공할 수 있는 **블렌딩 원두를 사용하는 것이 더 적합**합니다.

원두 블렌딩하기

원두 블렌딩의 가장 기본적인 방법은 각 원두의 특징을 살려 원하는 맛을 만들어내는 것이다.
다양한 원두를 조합하여 서로의 장점을 극대화하고, 맛의 균형을 맞추는 것이 중요하다.

블렌딩 방법

원두를 블렌딩을 하기 전에 **원하는 맛의 프로필을 미리 설정하고, 그에 맞는 원두를 선택하여 블렌딩**합니다. 예를 들어, "부드럽고 달콤한 맛" 또는 "강렬하고 풍부한 맛"과 같은 목표를 세운 후, 해당 특성을 가진 원두를 선택합니다. 싱글 오리진 원두를 기본으로 사용하고 그 원두의 고유한 특성을 살리면서 다른 원두를 더해 맛의 깊이를 추가합니다.

산지별 블렌딩

서로 다른 지역에서 수확된 원두를 조합한 블렌딩은 각 원두의 특징을 살려 맛을 조화롭게 만들 수 있습니다. 고소한 콜롬비아 원두에 진한 브라질 원두를 섞으면 깊고 부드러운 커피가 완성되는데, 원두의 특성을 잘 결합하여 블렌딩하면 맛있고 균형 잡힌 커피를 만들 수 있습니다.

맛 프로필에 따른 블렌딩

커피의 기본적인 맛을 고려하여 서로 다른 맛의 원두를 결합하는 것이 중요합니다. 상큼한 산미가 돋보이는 원두에 진한 바디감과 고소한 맛을 가진 원두를 추가하면, 커피 맛이 풍부하고 균형 잡히게 됩니다. 이렇게 다양한 맛의 조화를 통해 더 깊고 풍성한 커피를 만들 수 있습니다.

로스팅 단계별 블렌딩

로스팅 정도가 다른 원두를 블렌딩하면 각 원두의 개성을 살리면서도, 로스팅 단계별로 발현되는 풍미 차이를 보완할 수 있습니다. 예를 들어, 라이트 로스팅 된 원두의 밝은 맛에 다크 로스팅 된 원두를 섞으면 고소하고 진한 맛이 더해져 풍미의 균형을 맞출 수 있습니다.

원두의 비율 조정하여 블렌딩

각 원두의 특징을 잘 살리거나 다른 원두의 단점을 보완할 수 있는 적절한 비율을 찾는 것이 중요합니다. 예를 들어, 산미가 강한 원두를 60%, 바디감이 풍부한 원두를 40% 비율로 섞으면, 산미와 바디감이 균형을 이루며 조화로운 맛을 만들 수 있습니다.

블렌딩 단계

원두 블렌딩을 크게 여섯 단계로 정리해 봤습니다. 원두 블렌딩의 핵심은 일관성을 유지해 고객이 언제나 같은 맛과 향을 즐길 수 있도록 하는 데 있습니다. 이를 위해 블렌딩되는 원두의 개성과 조화를 꼼꼼히 살펴야 합니다.

① 목표 설정

원하는 커피 맛의 프로필을 설정합니다. 예를 들어, 산미, 단맛, 바디감 등 어떤 맛을 강조할지 결정합니다.

② 원두 선택

목표에 맞는 원두를 선택합니다. 서로 다른 지역, 품종, 로스팅 정도의 원두를 고르고, 각 원두의 특성에 맞춰 조합합니다.

③ 비율 결정

선택한 원두의 비율을 조정하여 맛의 균형을 맞춥니다. 예를 들어, 산미가 강한 원두와 바디감 있는 원두를 결합해 원하는 맛을 구현합니다.

④ 소량 테스트

소량의 원두로 블렌딩을 진행하고, 그 맛을 평가합니다. 이를 통해 원두들의 조화와 맛의 균형을 확인합니다.

⑤ 조정 및 수정

테스트 결과를 바탕으로 비율을 조정하거나 다른 원두를 추가하여 맛의 균형을 맞추고, 최적의 프로필을 찾습니다.

⑥ 최종 평가

만족스러운 맛이 나오면 블렌딩 비율을 고정하고, 최종 커피를 추출하여 품질을 점검한 후, 일관된 맛을 제공할 수 있도록 기록합니다.

블렌딩의 성공은 일관된 맛을 유지하는 데 있으며, 이를 위해 로스팅 수준과 블렌드 비율을 관리하고, 테이스팅을 통해 맛의 일관성을 유지하는 것이 중요해요.

커핑을 통한 커피 맛 평가

'커핑'은 커피의 품질과 특성을 체계적으로 평가하는 표준화된 방법으로,
커핑을 통해 누구나 쉽게 커피의 맛과 향을 분석하고 테스팅할 수 있다.

커핑의 목적

커핑은 **커피의 품질과 특성을 평가하고 비교하기 위한 과정**입니다. 이를 통해 커피의 맛, 향, 산미, 바디감, 후미 등을 분석하고, 원두의 특징을 명확히 파악할 수 있습니다. 또한, 새로운 블렌딩 원두의 맛과 조화를 분석하고, 다른 산지나 로스터의 커피를 비교하여 최상의 커피를 선택하는 데 도움을 줍니다. 커핑은 로스터, 바리스타, 커피 감정사뿐만 아니라 카페 사장님이나 일반인들도 쉽게 할 수 있으며, 이를 통해 원두나 블렌딩된 원두의 특성을 정확하게 이해할 수 있습니다.

커핑에 필요한 도구

커핑에 필요한 도구로는 커핑볼, 커핑 스푼, 타이머, 그라인더, 디지털 저울, 커핑 노트와 펜이 있습니다. 커핑볼은 200ml 용량으로 입구가 넓어 향을 잘 느낄 수 있도록 하고, 커핑 스푼은 깊고 둥근 형태가 커피를 떠서 맛보기에 적합합니다. 또한, 원두의 무게 측정과 추출 시간을 정확히 기록할 수 있는 도구들이 필요합니다.

커핑볼   커핑 스푼   타이머   정수된 뜨거운 물

그라인더   디지털 저울   커핑노트와 펜

커핑 방법

분쇄된 원두를 커핑볼에 담고, 뜨거운 물을 부어 4분간 추출한 후, 표면에 형성된 크러스트를 제거합니다. 그런 다음 커피를 떠서 맛보고, 향, 산미, 바디감, 후미 등을 평가하여 특성을 기록합니다. 이 과정을 통해 커피의 품질과 특성을 체계적으로 비교하고 분석할 수 있습니다.

❶ 원두 준비와 마른 커피 평가

테스팅할 원두 12g을 준비한 후, 평가 기준에 맞게 균일하게 분쇄합니다. 분쇄된 커피는 바로 커핑볼에 넣고 향을 맡으며, 이때 분쇄된 상태에서 나는 드라이 아로마를 평가합니다.

❷ 뜨거운 물 붓기

커핑에 사용할 물 온도는 90~96°C로 준비합니다. 이 온도는 커피의 맛과 향을 가장 잘 추출할 수 있는 적절한 범위의 온도입니다.

❸ 추출 대기

뜨거운 물을 붓고 난 뒤 커피가 추출되도록 4분 정도를 기다립니다. 이때 원두가 뜨거운 물 위에 부유하면서 '크러스트'라는 거품층을 형성합니다.

❹ 크러스트 깨기 브레이크

4분 후 컵 위의 표면에 생긴 크러스트를 커핑 스푼을 사용하여 부드럽게 저어 크러스트를 깨줍니다. 이때 발생하는 향을 맡으며 브레이크 아로마를 평가합니다.

커핑은 커피의 품질과 특성을 평가하기 위해
아로마, 플레이버, 산미, 바디감, 후미 등을 기준으로 진행돼요.
이를 통해 커피의 장점과 특징을 체계적으로 분석하게 됩니다.

⑤ 찌꺼기 제거 스키밍

크러스트를 깬 후 커피 표면에 남은 찌꺼기를 커핑 스푼을 사용하여 부드럽게 걷어 냅니다. 찌꺼기를 제거한 후 커피를 그대로 둬 1~2분 정도 식혀 줍니다.

⑥ 1차 테이스팅 슬러핑

커피가 식으면 커핑 스푼을 사용해 커피를 떠서 강하게 '후루룩' 소리와 함께 흡입합니다. 커피를 공기와 함께 섭취해서 입안 전체에서 커피의 맛과 향 등을 평가합니다.

⑦ 2차 테이스팅

커피가 차갑게 식으면 다시 한번 '후루룩' 소리와 함께 강하게 흡입하여 커피의 산미, 단맛, 바디감, 후미 등을 느끼며 각각의 특성을 평가합니다.

⑧ 평가 및 기록

커핑 노트에 테스팅한 커피의 전반적인 특징을 기록하고, 각 요소에 점수를 매겨 평가합니다.

카페인이 없는 디카페인 원두

디카페인 원두는 카페인에 민감하거나 카페인을 섭취하지 않으려는 사람들을 위해 개발되었다.
디카페인 커피는 커피의 풍미를 유지하면서 카페인의 영향을 최소화하도록 만들어졌다.

물 추출법 스위스 워터 프로세스

물을 사용해 카페인을 제거하는 방법인 물 추출법은 스위스 워터 프로세스(Swiss Water Process)라고 부르기도 합니다. 먼저, 카페인이 제거되지 않은 생두를 물에 담가 커피의 모든 성분이 추출된 '그린 커피 추출물(GCE)'을 만듭니다. 이후, 카페인을 제거할 생두를 GCE에 담그면, 농도 차이로 인해 카페인만 선택적으로 GCE로 빠져나옵니다. 활성탄 필터로 카페인을 걸러내면 카페인만 제거된 GCE는 다시 생두에 흡수되어 원래의 풍미가 최대한 유지됩니다. 화학 물질을 사용하지 않아 친환경적이며, 유기농 커피에 자주 사용됩니다.

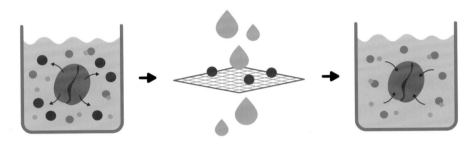

생두를 커피 추출물에 담근다   활성탄 필터로 카페인을 제거한다   카페인이 제거된 물에 생두를 담근다

이산화탄소 추출법

이산화탄소(CO_2)는 카페인만 선택적으로 흡수하는 특징이 있는데 이를 활용해, **액체 상태의 이산화탄소를 고압으로 커피 생두에 통과시켜 카페인을 제거하는 방법**입니다. 이 방법은 커피의 맛과 향을 거의 손상시키지 않아, 디카페인이지만 커피의 품질을 유지할 수 있습니다. 또한, 사용된 이산화탄소는 분리 장치를 통해 회수한 뒤 다시 사용할 수 있어 친환경적이고, 대량 생산에 적합해 상업적으로 널리 사용되고 있습니다.

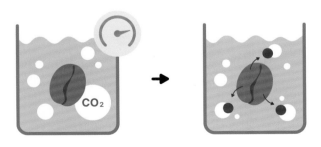

액체 상태의 이산화탄소   생두 내부에서 카페인이 추출된다

화학적 용매 추출법

화학 용매인 에틸 아세테이트나 메틸렌 클로라이드를 사용해 생두에서 카페인을 추출하는 **방법**입니다. 생두를 용매에 담그면 카페인이 용매에 녹아 나오고, 이후 남은 용매를 제거하면 디카페인 커피가 완성됩니다. 이 방법은 비용이 저렴하고 효율적이라는 장점이 있지만, 화학 용매를 사용하기 때문에 커피의 순도나 안전성에 대해 논란이 있을 수 있습니다. 에틸 아세테이트는 천연 물질에서 추출할 수 있어, 이를 사용하여 카페인을 제거한 커피는 '천연 디카페인' 이라는 이름으로 판매되기도 합니다.

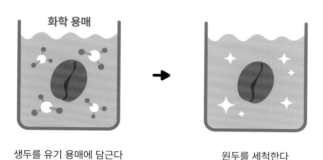

생두를 유기 용매에 담근다   원두를 세척한다

디카페인 커피 원두는?

디카페인 커피는 카페인에 민감한 사람이나 저녁에도 커피를 마시고 싶지만 수면에 방해받고 싶지 않은 사람들이 주로 찾습니다. 디카페인 커피에도 약간의 카페인이 남아 있을 수 있지만, 일반적으로 그 함량은 1% 미만으로 매우 적습니다. 디카페인 커피는 원두를 처리하는 과정에서 일부 향미가 손실될 수 있습니다. 특히, 화학 용매를 사용하는 방법은 커피의 풍미에 영향을 줄 가능성이 큽니다. 반면, 물 추출법이나 이산화탄소 추출법은 커피 본연의 향미를 비교적 잘 유지하는 데 유리한 방법으로 알려져 있습니다.

Barista's Tips

Chapter 03.

다양한 커피 추출 방법들

커피는 동일한 원두라고 해도 추출 방법에 따라 맛, 향, 그리고 특성이 크게 달라집니다. 이브릭, 필터 커피, 사이폰, 모카포트, 프렌치 프레스, 에스프레소 등 다양한 추출 방식은 각각 고유의 매력을 지니고 있으며, 원두의 특성에 맞는 추출 방식을 선택하면 커피의 풍미를 한층 더 돋보이게 할 수 있습니다. 특히 카페를 운영할 계획이라면 에스프레소에만 집중하기보다 다양한 추출 방식을 활용해 매장의 차별화를 시도해 보세요. 이번 Chapter에서는 다양한 커피 추출 방법에 대해 살펴보겠습니다.

커피 추출 방법

커피 추출 방법은 크게 침지식, 여과식, 압력식 세 가지 방식으로 나눌 수 있다.
각 추출 방식은 추출 시간, 커피의 맛과 향, 그리고 바디감에 직접적인 영향을 미친다.

침지식 추출 Immersion Brewing

침지식 추출은 **분쇄된 커피가루를 물에 완전히 담궈 일정 시간 동안 물과 접촉하면서 커피 성분을 추출하는 방법**입니다. 이 방식은 커피와 물의 접촉 시간이 길어, 커피의 맛이 깊고 풍부하게 우러납니다. 또한, 커피의 오일과 미세 입자가 남아 있어 부드럽고 풀바디한 커피를 제공하며, 커피 본연의 풍미와 깊이를 강조하는 특징이 있습니다.

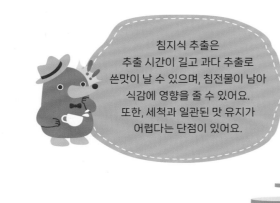

침지식 추출은
추출 시간이 길고 과다 추출로
쓴맛이 날 수 있으며, 침전물이 남아
식감에 영향을 줄 수 있어요.
또한, 세척과 일관된 맛 유지가
어렵다는 단점이 있어요.

이브릭

터키의 전통적인 커피 추출 방식으로 곱게 간 커피가루를 이브릭에 넣고 물과, 취향에 따라 설탕을 추가해 끓이는 방식입니다. 커피가루가 물에 완전히 잠긴 채로 끓여져 깊고 풍부한 맛을 냅니다.

프렌치 프레스

커피가루를 물에 담가 일정 시간이 지난 뒤, 필터가 달린 프레스기로 눌러 커피를 추출하는 방식입니다. 커피 오일과 미세한 입자가 함께 추출되어 진하고 풍부한 맛을 가진 커피가 됩니다.

사이폰

진공 압력을 이용해 가압된 수증기로 커피를 추출하는 방식입니다. 이 독특한 추출법은 부드럽고 풍부한 바디감을 선사하며, 산미, 단맛, 쓴맛이 조화롭게 어우러진 균형 잡힌 맛을 만들어 냅니다.

여과식 추출 Percolation Brewing

여과식 커피 추출은 **분쇄된 커피가루 위로 물을 떨어뜨리거나 부어 커피 성분을 추출하는 방법**입니다. 물이 커피가루와 접촉한 후 필터를 통해 내려가기 때문에 침지식보다 추출 시간이 짧습니다. 물이 커피가루와 오랫동안 접촉하지 않기 때문에 깔끔하고 균형 잡힌 맛의 커피가 추출되며, 물의 온도, 속도, 커피가루의 입자 크기를 조절해 다양한 맛을 표현할 수 있습니다.

융 드립

천으로 된 필터에 커피가루를 넣고, 뜨거운 물을 부어 커피를 추출하는 방식입니다. 자연스러운 커피 맛을 강조하며, 부드럽고 균형 잡힌 커피가 추출됩니다.

페이퍼 드립

종이 필터에 커피가루를 넣고 뜨거운 물을 부어 커피를 추출하는 방식으로, 커피의 미세 입자와 오일을 걸러내어 깔끔하고 깨끗한 맛이 특징입니다.

커피 메이커

물을 커피가루 위로 부어 필터를 통해 커피를 추출하는 방식으로, 페이퍼 드립과 유사합니다. 추출 과정이 기계에 의해 자동으로 진행되어 더욱 편리합니다.

더치 커피

차가운 물을 커피가루에 천천히 떨어뜨려 커피 성분을 추출하는 방식입니다. 추출 시간이 길어져 쓴맛과 산미가 줄어들고, 부드럽고 풍부한 맛이 강조됩니다.

여과식 추출은 변수에 민감해 일관된 추출이 어렵고, 종이 필터 사용 시 커피 오일이 걸러져 풍미가 줄어들 수 있어요.

압력 추출 Pressure Brewing

압력 추출은 **고압의 물을 커피가루에 통과시켜 짧은 시간 안에 커피를 추출하는 방법**입니다. 고압을 이용해 커피의 성분을 빠르게 추출함으로써, 원두의 지용성 성분이 많이 추출되어 커피는 강하고 진한 맛을 갖게 됩니다. 고온과 고압의 환경에서 풍부한 크레마가 함께 추출됩니다.

에어로 프레스

주사기처럼 생긴 플라스틱 도구에 커피가루를 넣고 뜨거운 물을 부은 뒤, 압력을 이용해 커피를 추출합니다. 진한 풍미와 풍부한 아로마를 가진 커피가 추출됩니다.

에스프레소

에스프레소 머신을 사용하여 고온 고압의 물을 커피가루에 통과시켜 짧은 시간 안에 진하고 농축된 커피를 추출합니다. 크레마와 함께 강렬한 맛이 특징입니다.

모카포트

물을 끓여 수증기의 압력으로 에스프레소와 비슷한 커피를 추출하는 장치입니다. 이탈리아 가정에서 많이 사용되며, 부드럽고 진한 맛의 커피가 추출됩니다.

에스프레소 커피 추출은 기계가 비싸고 사용법이 복잡해 익히는데 시간이 필요해요. 다양한 변수들이 있어 추출 결과가 일정하지 않을 수 있어요.

이브릭

곱게 간 커피가루를 주전자에 넣고 끓여서 커피를 추출하는 방식이다.

터키를 비롯한 중동, 북아프리카 지역에서 전통적으로 사용되는 이브릭 추출 방식은, **작은 주전자(이브릭 또는 체즈베)에 매우 곱게 간 커피가루를 넣고 물과 설탕(취향에 따라)을 함께 끓여 커피를 추출**합니다. 오늘날에도 터키와 그리스 등에서는 이 방식으로 커피를 추출하며, 이를 '터키식 커피'라고 부릅니다. 마시고 나면 커피 찌꺼기가 잔에 남고, 이 찌꺼기로 점(커피 점)을 치는 전통이 이어지고 있습니다.

손잡이

추출 챔버

> 이브릭은 주로 동이나 스테인리스로 만들어져 열전도율이 높고, 빠른 추출과 내구성 덕분에 사용이 편리해요.

> 터키에는 잔에 남은 커피 찌꺼기의 모양을 보며 점을 치는 문화가 있어요.

📝 준비물

밀가루처럼 곱게 간 커피가루, 이브릭

☕ 추출 순서

1. 차가운 물을 이브릭에 넣고 중불에서 끓인다.
2. 물이 끓으면 불에서 내려 커피가루와 설탕을 넣고 잘 저어 섞는다.
3. 다시 불에 올려 천천히 끓이되 거품이 올라오기 직전에 불에서 내린다.
4. 식힌 후 다시 불에 올려 끓이고 식히기를 2~3회 반복한다.
5. 거품을 걷어내고 커피잔에 따른 뒤 커피가루가 가라앉으면 마신다.

융드립

부드러운 커피 맛을 내기 위해 천으로 만든 필터를 사용하여 드립으로 커피를 추출하는 방식이다.

융드립은 **천이나 면으로 된 필터를 사용해 커피를 추출하는 방식**으로, 종이 필터가 나오기 전까지 널리 사용되었던 전통적인 방법입니다. 천 필터는 미세한 커피 입자를 걸러내면서도 기름 성분은 그대로 남겨, 풍부하고 부드러우며 진하면서도 균형 잡힌 맛의 커피를 추출할 수 있습니다. 또한, 천 필터는 세척 후 재사용이 가능해 친환경적이라는 장점이 있지만, 제대로 건조되지 않으면 커피 맛에 악영향을 줄 수 있어 관리가 중요합니다.

융

드리퍼

사용한 필터는 세제를 사용하지 않고 뜨거운 물로 깨끗이 세척하고, 주기적으로 끓는 물에 삶아 주는 것이 좋아요.

원두와 물의 비율은 1:15를 권장하지만, 원두의 종류나 상황에 따라 비율을 조절해 추출할 수 있어요.

서버 주전자

 준비물

중간 굵기로 간 커피가루, 전자저울, 융 필터, 서버 주전자

☕ **추출 순서**

① 융 필터를 준비한 다음, 뜨거운 물로 한 번 헹군 뒤 서버를 준비한다.
② 필터 위로 뜨거운 물을 부어 서버를 예열하고, 물은 따라 버린다.
③ 드리퍼와 서버를 저울 위에 올려놓고 준비된 커피가루를 넣는다. 원두와 물은 1:15 정도의 비율로 한다.
④ 92~96℃의 뜨거운 물을 천천히 부어 원두의 뜸을 들여준다.
⑤ 뜸 들인 후, 3~4분 동안 원을 그리며 여러 번 나누어 천천히 물을 부어 추출한다.

사이폰

사이폰은 진공 압력을 이용해 커피를 추출하는 방식으로, 정밀한 추출과 함께 시각적인 매력을 제공한다.

사이폰은 1840년대 프랑스에서 처음 개발되어 **1900 년대 초반부터 상업적으로 인기를 끌며 전문적인 커피 추출 도구**로 자리 잡았습니다. 1950년대부터 일본에서 발전하고 대중화되어, 오늘날에도 일본 카페에서는 자주 사용되는 추출 도구입니다. 과학 실험처럼 복잡한 추출 과정은 시각적인 즐거움을 제공하고, 진공 상태에서 향미가 극대화되지만 숙련된 기술이 필요합니다.

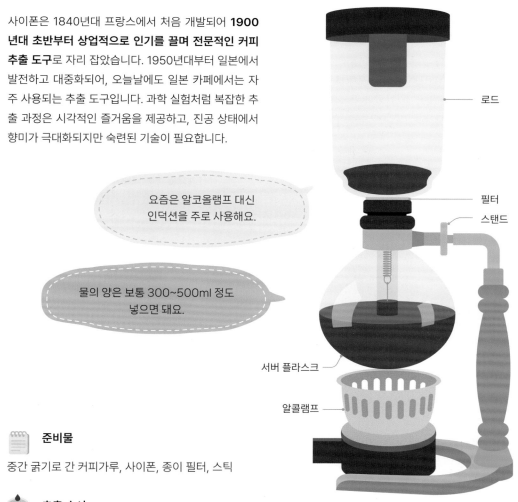

요즘은 알코올램프 대신 인덕션을 주로 사용해요.

물의 양은 보통 300~500ml 정도 넣으면 돼요.

로드

필터

스탠드

서버 플라스크

알콜램프

준비물

중간 굵기로 간 커피가루, 사이폰, 종이 필터, 스틱

추출 순서

① 추출할 만큼의 물을 하단 서버 플라스크에 붓고, 상단 추출 로드 바닥에 필터를 깔아준다.

② 쇠줄 손잡이를 당겨 하단 서버 플라스크에 넣고 불을 켜서 가열한다.

③ 물이 끓으면 증기가 발생하고 압력이 증가하면서 물이 상단 추출 로드로 올라간다.

④ 상단 추출 로드로 올라온 물과 원두가 골고루 섞이도록 스틱을 사용하여 저어준다.

⑤ 열을 제거하면 하단 플라스크의 압력이 낮아져 커피가 내려오고, 상단 로드를 제거한 후 커피를 따른다.

페이퍼 드립

종이 필터를 사용하여 커피를 추출하는 방법으로 가장 손쉽게 접근할 수 있는 커피 추출 방식이다.

페이퍼 드립은 1908년 멜리타 벤츠가 고안한 커피 추출법으로, **종이 필터를 사용하여 깨끗하고 부드러운 맛의 커피를 추출하는 방식**입니다. 종이 필터는 미세한 입자와 기름 성분을 걸러내어 깔끔한 풍미를 강조하며, 간편하면서도 일관된 맛을 낼 수 있어 가정이나 사무실에서 널리 사용됩니다. 다만, 기름 성분이 걸러지는 특성상 바디감이 상대적으로 약할 수 있습니다.

종이 필터

드리퍼

드리퍼 받침대

서버 주전자

일회용 종이 필터를 사용하기 때문에 사용 후 버릴 수 있어 청소와 관리가 쉬워요.

물 온도, 추출 시간, 원두의 양 등을 조절하면 섬세한 커피 추출이 가능하므로, 다양한 방법으로 실험해보세요.

 준비물

중간 굵기로 간 커피가루, 전자저울, 드리퍼, 서버, 종이 필터

 추출 순서

1. 드리퍼에 종이 필터를 장착한 뒤, 뜨거운 물로 필터를 충분히 적신 후 그 물은 버린다.
2. 드리퍼를 서버 위에 올리고, 분쇄된 커피 원두를 넣는다.
3. 90~94℃의 물을 부어 원두를 적셔준다. 원두와 물의 비율은 1:15 정도로 한다.
4. 뜸 들이기가 끝나면 물을 2~3회에 나누어 천천히 부어준다.
5. 추출 시간은 2~3분이 적당하며, 원두 분쇄도와 양에 따라 추출 시간을 조절할 수 있다.

드리퍼의 구조

드리퍼는 **커피를 추출할 때 물을 원두 위로 천천히 부어 커피의 맛과 향을 우려내는 핸드드립 도구**로, 가장 많이 사용되는 추출 기구 중 하나입니다. 드리퍼는 재질, 구조, 디자인, 사용 방식에 따라 추출 결과가 달라질 수 있으며, 각각의 특성을 잘 이해하면 원하는 맛과 향의 커피를 더욱 효과적으로 추출할 수 있습니다.

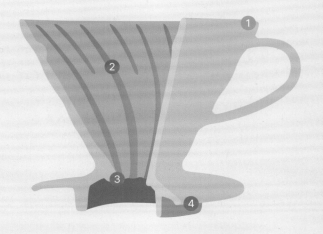

❶ 본체

드리퍼는 원뿔형과 평저형(바닥이 평평한 형태)의 모양으로 되어 있습니다. 이러한 디자인은 물이 커피 층을 통과할 때 일정한 흐름을 유지하며 추출이 되도록 만들어 줍니다.

❷ 리브 골 구조

드리퍼 내부 벽면에 세로로 돌출된 리브는 필터와 드리퍼 사이에 공간을 만들어 물이 균일하게 흐르도록 돕습니다. 리브의 모양, 길이, 높이에 따라 추출 속도와 커피 맛이 달라집니다.

❸ 추출구

드리퍼 하단에 있는 구멍의 개수와 크기는 커피의 추출 속도와 맛에 영향을 미칩니다. 단일 구멍은 추출 속도가 느리고, 다중 구멍은 추출 속도가 빠르기 때문에 세심한 조절이 필요합니다.

❹ 받침대

드리퍼의 하단 부분으로 컵이나 서버 위에 안정적으로 드리퍼를 올려놓을 수 있습니다.

드리퍼 선택 시 고려 사항

Barista's Tips

드리퍼는 추출 난이도, 커피 맛, 그리고 사용 환경을 고려하여 선택해야 합니다.

• **추출 난이도** : 초보자는 추출이 일관적이고 간편한 평저형 드리퍼를 선택하면 쉽게 추출이 가능하고, 숙련자는 다양한 추출 방법으로 맛을 섬세하게 조절할 수 있는 원뿔형 드리퍼가 적합합니다.

• **커피 맛** : 원뿔형 드리퍼는 과일 향과 밝은 맛을 강조하는 추출에 유리하며, 커피의 복잡한 풍미를 잘 살릴 수 있습니다. 반면 평저형 드리퍼는 균일한 물 흐름을 제공해 부드럽고 일관된 맛을 얻을 수 있습니다.

• **사용 환경** : 이동이 잦거나 야외에서 커피를 추출할 경우, 가벼운 플라스틱이나 실리콘 드리퍼를 선택하고, 집이나 매장에서는 도자기나 유리 드리퍼로 정교한 추출을 할 수 있습니다.

재질별 드리퍼의 종류

드리퍼는 다양한 재질로 제작되며 재질에 따라 커피 맛과 추출 과정에 영향을 미칩니다.

도자기 드리퍼
- **특징**: 열 보존성이 높아 추출 온도를 안정적으로 유지할 수 있습니다.
- **장점**: 맛이 일정하며 스크래치에 강합니다.
- **단점**: 무겁고 깨지기 쉽습니다.

플라스틱 드리퍼
- **특징**: 가볍고 휴대성이 뛰어납니다.
- **장점**: 열전도율이 낮아 초보자가 사용하기 적합합니다.
- **단점**: 스크래치가 쉽게 생기고 내구성이 낮을 수 있습니다.

유리 드리퍼
- **특징**: 추출 과정을 눈으로 확인 가능합니다.
- **장점**: 열 보존성이 높고 세척이 쉽습니다.
- **단점**: 깨지기 쉬워 주의가 필요합니다.

실리콘 드리퍼
- **특징**: 부드럽고 접을 수 있어 휴대성이 우수합니다.
- **장점**: 가볍고 색상이 다양합니다.
- **단점**: 열 보존성이 낮습니다.

스테인리스 드리퍼
- **특징**: 내구성이 뛰어나며 고온에서도 안정적입니다.
- **장점**: 메탈 필터로 되어 있어 여과지 없이 사용이 가능합니다.
- **단점**: 열전도율이 높아 온도 관리가 필요합니다.

Barista's Tips

드리퍼에 따른 필터의 모양

종이 필터(여과지)는 원뿔형, 평저형(사다리꼴), 주름형으로 나뉩니다. 하리오와 고노 드리퍼는 원뿔형 필터를 사용하며, 멜리타와 칼리타 드리퍼는 평저형 필터를 사용합니다. 주름형 필터는 오리가미 드리퍼에서 사용됩니다.

원뿔형

평저형

주름형

드리퍼의 형태와 종류

드리퍼의 디자인과 구조에 따라 물 흐름과 추출 속도가 달라져, 커피 맛에 큰 영향을 미치게 됩니다.

원뿔형 드리퍼

원뿔 모양에 나선형 리브와 단일 추출구로 설계되어 있습니다. 물줄기 조절에 따라 다양한 맛을 추출할 수 있으며, 중앙에서 원을 그리며 물을 천천히 부어 고르게 추출합니다.

- **대표 제품** : 하리오 V60 드리퍼, 고노 드리퍼, 오리가미 드리퍼
- **추천 분쇄도** : 중간 굵기

평저형 드리퍼

바닥면이 평평한 드리퍼로 멜리타는 1개의 추출구, 칼리타는 3개의 추출구를 갖고 있습니다. 추출구의 개수에 따라 맛의 차이가 있으며, 물 흐름이 일정해 초보자도 쉽게 사용할 수 있습니다.

- **대표 제품** : 멜리타 드리퍼, 칼리타 드리퍼
- **추천 분쇄도** : 중간에서 약간 고운 굵기

침출식 드리퍼

침출 방식과 드립 방식을 혼합한 형태의 드리퍼입니다. 커피가루를 물에 담가 우려낸 후 추출 시간을 조절해 커피의 강도와 풍미를 조절할 수 있고, 특별한 기술 없이도 일정한 맛을 낼 수 있습니다.

- **대표 제품** : 클레버 드리퍼
- **추천 분쇄도** : 중간 굵기

하리오 V60 드리퍼

멜리타 드리퍼

클레버 드리퍼,
하리오 스위치 드리퍼

고노 드리퍼

칼리타 드리퍼

차단장치

오리가미 드리퍼

드리퍼의 형태와 종류에 따라 분쇄도를 조절하면 커피 맛을 다르게 조절할 수 있어요.

더치 드립

콜드 브루의 일종으로 차가운 물을 사용하여 커피를 천천히 추출하는 방식이다.

17세기 네덜란드 상인들에 의해 처음 만들어졌다고 알려진 더치 드립은 **더운 기후에서 커피를 시원하게 즐기기 위해 개발한 커피 추출법**입니다. 추출 시간은 오래 걸렸지만 장기간 이동하면서도 신선한 커피를 즐길 수 있었습니다. 이후 일본을 비롯한 아시아 지역으로 전파되었고, 일본에서는 '교토 스타일'로 알려지면서 더욱 발전했습니다. 차가운 물을 사용하여 천천히 추출하기 때문에 커피의 쓴맛과 산미가 줄어들어 부드럽고 고급스러운 맛을 느낄 수 있습니다.

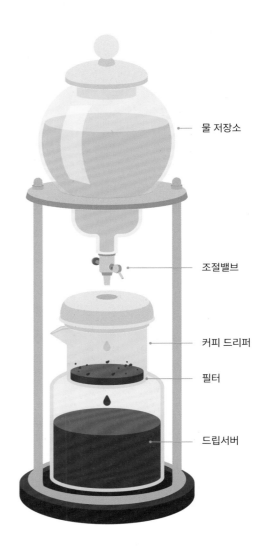

물 저장소

조절밸브

커피 드리퍼

필터

드립서버

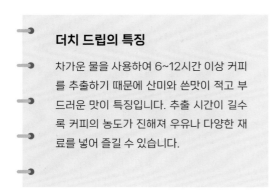

더치 드립의 특징

차가운 물을 사용하여 6~12시간 이상 커피를 추출하기 때문에 산미와 쓴맛이 적고 부드러운 맛이 특징입니다. 추출 시간이 길수록 커피의 농도가 진해져 우유나 다양한 재료를 넣어 즐길 수 있습니다.

 준비물

중간 굵기로 간 커피가루, 더치드립 기구, 종이 필터

 추출 순서

1. 더치 커피 추출 장치는 물 저장소, 커피 드리퍼와 필터, 드립서버로 구성된다.
2. 커피 드리퍼에 필터를 깔고 분쇄된 원두를 넣은 다음 고르게 펴준다.
3. 물 저장소에 차가운 물이나 얼음을 넣고, 물방울이 1초에 한 방울씩 떨어지도록 조절한다.
4. 6~12시간 동안 추출이 진행되며, 추출된 커피는 하단의 드립서버에 서서히 모인다.
5. 추출된 커피는 냉장 보관하고 필요에 따라 물이나 얼음을 추가하여 마신다.

핀

매우 간단한 드립 방식의 추출 장치로 분쇄한 원두를 핀 기구에 넣고 물을 천천히 부으면 된다.

핀 추출법은 19세기 후반 프랑스 식민지 시절, 베트남에 도입된 커피 추출 방식입니다. **별도의 필터 없이 굵게 분쇄한 원두를 사용해 커피를 천천히 추출**하며, 바닥에 구멍이 뚫린 철판을 통해 커피가 내려옵니다. 베트남의 로부스타 원두 생산이 늘면서, 이 방법으로 로부스타 원두의 쓴맛이 강조된 진한 커피가 추출되었고, 베트남에서는 이 커피에 달콤한 연유를 추가해 마시기 시작했습니다. 현재는 베트남의 대표적인 커피 문화로 자리 잡았습니다.

뚜껑

필터

컵

받침

베트남 커피 '카페 쓰어다'

'카페 쓰어다'는 베트남어로 '연유가 들어간 아이스 커피'라는 뜻입니다. 베트남의 대표적인 커피 음료로 핀을 사용해 추출한 진한 커피에 달콤한 연유를 얼음과 함께 즐기는 베트남의 독특한 커피 문화입니다.

 준비물

굵게 갈아 놓은 로부스타 원두, 핀 추출기

 추출 순서

① 핀 커피 도구는 받침, 컵, 필터, 뚜껑으로 구성된다.
② 굵게 분쇄한 커피 원두를 2~3스푼 정도 핀 필터에 넣고 가볍게 눌러 표면을 고르게 정리한다.
③ 95°C 정도의 뜨거운 물을 부어 커피를 적신 뒤, 20~30초 동안 뜸을 들인다.
④ 나머지 뜨거운 물을 천천히 필터에 부으며 약 4~5분에 걸쳐 커피를 추출한다.
⑤ 추출된 커피를 컵에 따르고, 취향에 따라 연유를 추가해 마신다.

모카포트

이탈리아에서 발명된 압력을 활용한 커피 추출 기구로
강하고 진한 에스프레소 스타일의 커피를 추출할 수 있는 가정용 기기이다.

이탈리아의 알폰소 비알레티가 발명한 모카포트는 **가
정에서도 에스프레소와 비슷한 스타일의 커피를 간편
하게 즐길 수 있는 추출 도구**입니다. 물탱크에 물을 넣
고 커피가루를 담아 조립한 후 가열하면, 진하고 풍부
한 커피를 추출할 수 있습니다. 진하고 강한 커피를 추
출할 수 있어 에스프레소 머신의 보조 도구로 활용하기
도 하며, 이를 중심으로 한 모카포트 전문 카페도 많이
운영되고 있습니다. 에스프레소 머신에 비해 높은 압력
을 생성하지 못해 맛 구현에 한계가 있으며, 알루미늄
재질로 제작되어 커피 오일의 축적으로 맛이 변할 수 있
으므로 정기적인 세척이 필요합니다.

주전자 뚜껑

커피추출 포트

평면필터

커피 바스켓

물탱크

안전밸브

모카포트의 특징

보일러 속의 물이 끓을 때 생긴 증기가 보일
러의 물을 밀어 올려 원두를 통과시키면서
커피를 추출하는 원리입니다. 끓는 물을 투
과해 커피를 추출하기 때문에 에스프레소
와는 다른 맛이 납니다. 모카포트는 '스토브
탑 커피'라는 명칭으로 불리기도 합니다.

준비물

밀가루보다 살짝 굵은 커피가루, 모카포트

 추출 순서

안전밸브

① 모카포트 하단 물탱크에 차가운 물을 안전밸브 아래까지 채운다.

② 커피 바스켓에 분쇄된 커피가루를 평평하게 담고 평면 필터를 올린다.

③ 필터 바스켓을 하단 물탱크에 올린 뒤, 상단 추출 포트와 물탱크를 단단히 결합한다.

④ 모카포트를 중약불의 가스레인지 위에 올려 가열한다.

⑤ 주전자 뚜껑을 열어 커피가 추출되는 과정을 확인하고, 거품 색이 연해지면 뚜껑을 닫고 불을 끈다.

프렌치 프레스

프렌치 프레스는 분쇄된 원두를 물에 담근 후 일정 시간이 지나고 난 뒤
커피 찌꺼기를 눌러 분리하여 추출하는 방식의 커피 추출법이다.

덴마크의 보덤사에서 개발한 커피 및 차 추출을 위한 도구로 간단한 구조와 직관적인 사용법이 특징입니다. 주전자
에 **뜨거운 물과 커피가루를 일정 시간 동안 담가 우려낸 뒤, 프레스 기기를 이용해 커피 찌꺼기를 아래로 밀어내어 커
피를 추출하는 방식**입니다. 스타벅스 창립 멤버들이 가장 추천하는 커피 추출 방법으로 소개되기도 했습니다. 금속
필터로 걸러내지 못한 미분 가루로 인해 이브릭 커피와 유사한 느낌을 줄 수 있습니다. 단순한 구조로 유지 보수가
쉽고, 필터 교체를 할 필요가 없어 친환경적인 추출 방법이기도 합니다.

물과 원두의 비율은
1:15~17 정도가 좋으며,
맛을 보면서 적절한 비율을
조절하는 것이 좋아요.

플런저

비커

손잡이

필터

프렌치 프레스의 특징

금속 필터를 사용하기 때문에 커피의 기름
성분과 미세한 입자가 추출되어 풍부하고
깊은 맛을 느낄 수 있지만, 그로 인해 텁텁
한 느낌이 날 수도 있습니다. 커피 추출분만
아니라 허브 티와 같은 차를 우려내는 데도
사용될 수 있으며, 우유 거품을 만드는 데에
도 활용 가능합니다.

준비물

중간 굵기로 간 커피가루, 프렌치 프레스

 추출 순서

1 뜨거운 물로 프렌치 프레스를 예열한 후 물을 버린다.

2 프렌치 프레스에 원두 15g을 넣고, 90~94°C의 뜨거운 물을 커피가 잠기도록 부어준다.

3 긴 스푼으로 저어 커피와 물을 섞고, 잠시 뜸을 들인다.

4 추출할 분량만큼 뜨거운 물을 추가로 붓고, 약 4분간 기다린다.

5 플런저를 천천히 눌러 커피 찌꺼기를 분리한 후, 찌꺼기가 가라앉으면 커피를 따라낸다.

프렌치 프레스는 '**커피 플런저**(Coffee Plunger)' 또는
'**커피 프레스**(Coffee Press)'로도 불려요.

에어로 프레스

구조와 사용법이 간단하고 단순하면서도 진한 커피를 추출할 수 있는 도구로 다양한 맛의 조정이 가능하다.

에어로 프레스는 2005년 미국의 에어로비(Aerobie)라는 회사에서 개발된 커피 추출 도구입니다. 기존 커피 추출 방법보다 간편하고 맛있는 커피를 만들기 위해 고안되었습니다. **주사기처럼 생긴 기구에 커피가루와 뜨거운 물을 넣고 압력을 이용해 커피를 추출하는 방식**으로, 프렌치 프레스와 유사하지만 압력을 사용하는 점이 다릅니다. 에스프레소를 간편하게 가정에서 추출하기 위해 개발되었지만 에스프레소 머신과는 별도의 추출 장비로 분류되고 있습니다.

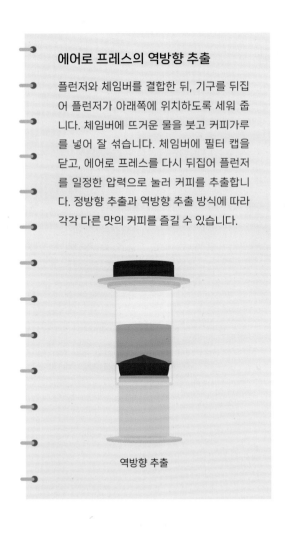

에어로 프레스의 역방향 추출

플런저와 체임버를 결합한 뒤, 기구를 뒤집어 플런저가 아래쪽에 위치하도록 세워 줍니다. 체임버에 뜨거운 물을 붓고 커피가루를 넣어 잘 섞습니다. 체임버에 필터 캡을 닫고, 에어로 프레스를 다시 뒤집어 플런저를 일정한 압력으로 눌러 커피를 추출합니다. 정방향 추출과 역방향 추출 방식에 따라 각각 다른 맛의 커피를 즐길 수 있습니다.

역방향 추출

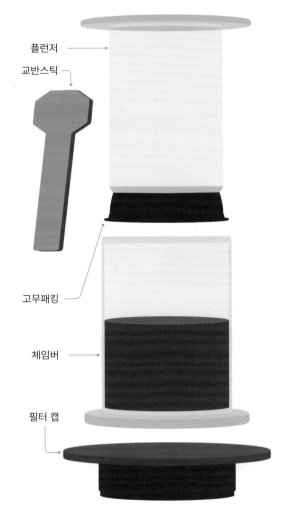

플런저

교반스틱

고무패킹

체임버

필터 캡

준비물

중간 굵기로 간 커피가루, 프렌치 프레스, 종이 필터

추출 순서

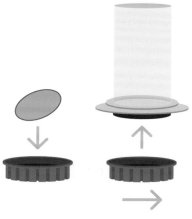

① 체임버에서 필터 캡을 분리한 뒤, 필터 캡에 필터 를 끼우고 따뜻한 물로 체임버를 예열한다.

② 체임버에 깔때기를 얹고, 분쇄된 커피 15g을 넣는다.

③ 물 온도를 90~94℃로 맞춘 뒤, 커피 위에 뜨거운 물을 천 천히 붓는다.

④ 커피가루가 뭉치지 않도록 교 반스틱으로 10초 정도 잘 휘 저어 준다.

⑤ 고무패킹이 부착된 플런저를 체임버에 결합한 뒤, 일정한 압 력으로 눌러 커피를 추출한다.

커피 메이커

자동화된 추출 과정을 통해 커피를 간편하고 빠르게 추출하는 도구다.
간편하게 사용할 수 있으며, 항상 일관된 맛을 유지할 수 있다.

물탱크에 물을 채우고 분쇄된 커피가루를 필터와 함께 장착한 뒤 전원을 연결하면 자동으로 커피가 추출되는 도구입
니다. 1950년대에 가정용으로 출시되었으며, 1970년대에는 '브라운'과 '미스터 커피' 브랜드가 이를 대중화시켰습
니다. 고성능 모델이 아닌 경우에는 온도 조절이나 물줄기 조절이 어렵기 때문에 원두에 따른 최적의 레시피를 구현
하기가 쉽지 않습니다. 참고로, 프랑스에서 '커피 메이커'는 프렌치 프레스를 의미하지만, 미국에서는 보통 이 자동
추출 기기를 가리킵니다.

물탱크   필터 바스켓

커피 포트
전원 스위치
열판

커피 메이커의 성장

스페셜티 커피 시장의 성장과 함께 커피 메
이커 시장도 다시 활기를 띠고 있습니다. 최
신 커피 메이커는 추출수의 온도를 일정하
게 유지하며, 바리스타의 손길처럼 물의 양
과 물줄기 패턴을 정밀하게 조정해 핸드드
립에 가까운 커피를 제공합니다. 일부 모델
은 2,000만 원 중반대에 이를 만큼 고가입
니다.

뜨거운 물을 사용해 필터 바스켓에
석회질이 생길 수 있으므로
정기적인 청소가 필요해요.

 준비물

중간 굵기로 간 커피가루, 커피 메이커

 **추출 순서**

① 커피 메이커의 물탱크에 적당량의 물을 채운다.
② 커피 메이커의 필터 바스켓에 종이 필터를 넣는다.
③ 분쇄된 커피 원두를 커피 필터에 넣는다. 일반적으로 150ml의 커피에 1~2스푼의 원두가 필요하다.
④ 커피 메이커의 전원을 켜고 버튼을 눌러 추출을 시작한다.
⑤ 추출이 완료되면 커피는 커피 포트에 담기게 된다.

에스프레소 머신

에스프레소 머신을 사용하여 빠른 시간 안에 높은 압력과 뜨거운 물로
커피의 맛과 향을 극대화시켜 추출하는 방식이다.

에스프레소 머신은 **고온·고압의 뜨거운 물을 곱게 간 커피가루에 빠르게 통과시켜 진하고 농축된 커피를 추출하는 장치**입니다. 이 방식으로 추출된 커피는 강한 풍미와 진한 농도를 지니며, 크레마라고 불리는 얇은 황금색 거품층이 특징입니다. 다만, 고가의 장비 비용과 다양한 보조 장비, 유지·관리 비용, 전기·수도 요금, 원두마다 필요한 세팅의 차이로 인해 다른 추출 방식보다 번거롭고 비용 부담이 큽니다. 따라서 일정 수준의 숙련도를 가진 바리스타가 다루는 전문적인 장비입니다.

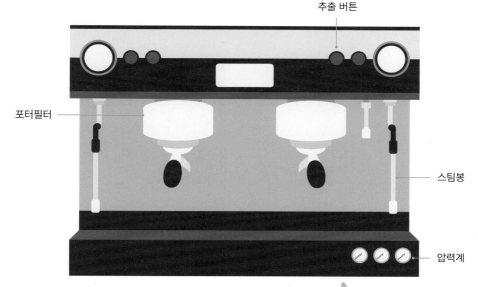

카푸치노, 라떼, 마키아토, 아메리카노 등
다양한 음료의 베이스로 사용되기 때문에
에스프레소 머신은 카페 운영에 필수적인 장비예요.

 준비물

곱게 간 커피가루, 에스프레소 머신

 추출 순서

1 에스프레소 머신을 켜서 적정 온도로 예열하며, 포터필터도 머신에 장착하여 함께 데웁니다.

2 로스팅한 원두를 곱게 분쇄한 후, 18~20g의 커피가루를 계량하여 포터필터에 담습니다.

3 포터필터의 커피가루를 탬퍼로 적절한 압력을 가해 고르게 눌러 표면을 평평하게 만듭니다.

4 포터필터를 그룹 헤드에 장착하고 머신을 작동시켜 9바(bar) 압력으로 25~30초 동안 커피를 추출합니다.

5 약 30~45ml의 에스프레소가 추출되며, 크레마가 적당히 형성된 상태여야 합니다.

Chapter 04.

바리스타 필수!
에스프레소 추출의
모든 것

에스프레소는 커피의 깊고 진한 풍미를 끌어내는 대표적인 추출 방식으로, 모든 카페 음료의 기본이 됩니다. 바리스타가 에스프레소 추출을 정확히 이해해야 하는 이유는, 에스프레소의 맛이 음료 전체의 품질과 맛을 좌우하기 때문입니다. 에스프레소 추출은 단순한 기술이 아니라 커피의 본질을 이해하고 이를 표현하는 과정입니다. 카페 창업을 준비 중인 사장님이나 바리스타라면 에스프레소에 대해 깊이 이해해야 합니다. 이번 Chapter에서는 에스프레소 추출의 준비 과정, 추출 변수, 팁과 기술에 대해 알아보겠습니다.

에스프레소의 역사

에스프레소의 탄생은 빠르고 강력한 커피 추출 방식을 찾기 위한 여러 시도에서 비롯되었으며, 커피 문화의 중요한 부분으로 자리 잡게 되었다.

19세기 말
초기 배경

19세기 후반 이탈리아의 산업화 시대, 공장에서 일을 하던 많은 사람들은 짧은 휴식 시간 동안 빠르게 커피를 마셔야 했습니다. 그러나 **기존의 커피는 오랜 시간 동안 우려내야 했기 때문에 보다 빠르고 효율적인 추출 방법을 필요**로 했습니다. 산업화가 진행되면서 증기 기관이 발명되었고, 이를 커피 추출에 활용하였습니다. 증기 압력을 이용해 뜨거운 물을 커피가루에 빠르게 통과시키는 방식으로 커피 추출 시간을 단축하려는 시도가 있었고, 이로 인해 에스프레소의 기초가 되는 기술이 탄생하게 되었습니다.

20세기 초
에스프레소 머신의 등장

1901년, **이탈리아의 엔지니어 루이지 베제라(Luigi Bezzera)는 최초의 에스프레소 기계를 발명**했습니다. 이 기계는 뜨거운 물과 증기를 고압으로 사용해 짧은 시간 안에 진한 커피를 추출할 수 있었습니다. 이 덕분에 커피를 빠르고 효율적으로 만들 수 있었지만, 문제도 있었습니다. 증기 압력을 이용한 방식은 추출된 커피 맛이 고르지 않거나, 과다 추출로 인해 쓴맛이 강하게 나타나는 단점이 있었습니다. 베제라의 발명은 에스프레소 기술의 발전에는 중요한 계기가 되었지만, 완벽하지 않아 개선이 필요한 상태였습니다.

최초의 에스프레소 기계

1901년
에스프레소 머신의 상업화

1905년, 데지데리오 파보니(Desiderio Pavoni)는 루이지 베제라의 **에스프레소 기계 특허를 사들여 '라 파보니(La Pavoni)'라는 브랜드로 첫 상업용 에스프레소 기계를 만들었습니다.** 이 기계는 이탈리아 밀라노의 카페에서 큰 인기를 끌었고, 에스프레소는 빠르게 이탈리아 전역으로 퍼졌습니다. 당시 에스프레소는 오늘날과 달리 약 2바(bar) 정도의 낮은 압력으로 추출되었기 때문에 커피 위에 크레마(거품층)가 거의 생기지 않았습니다. 그럼에도 이 기계는 에스프레소를 대중화하는 중요한 계기가 되었습니다.

현대적인 에스프레소 머신의 탄생

1948년, **아킬레 가찌아(Achille Gaggia)는 스프링이 장착된 레버를 이용해 9바(bar) 이상의 높은 압력으로 커피를 추출할 수 있는 기계를 발명**했습니다. 이 발명으로 에스프레소는 짧은 시간 안에 더욱 진하고 균형 잡힌 맛을 낼 수 있게 되었으며, 크레마라는 독특한 특징을 가진 음료로 발전했습니다. 크레마는 에스프레소의 품질과 신선함을 상징하는 요소로 자리 잡았고, 커피의 고급스러운 이미지를 강화하는 데 기여했습니다. 가찌아의 기계는 현대적인 에스프레소 머신의 기술적 기반을 마련했으며, 이후 커피머신 제조업체들이 더욱 발전된 모델을 개발하는 데 중요한 밑거름이 되었습니다.

현대 에스프레소 머신의 표준

1961년, 이탈리아의 커피머신 제조사인 **훼마(Faema)는 열교환기 시스템을 도입한 E-61 커피머신을 출시**했습니다. 이 시스템은 보일러의 뜨거운 물을 사용하면서도 추출수의 온도를 일정하게 유지할 수 있었습니다. 또 로터리 펌프를 장착해 9바(bar)의 일정한 추출 압력을 유지하여, 에스프레소 추출을 정교하고 안정적으로 만들었습니다. 특히, E-61 그룹헤드는 추출수 온도를 일정하게 유지해 커피 품질을 향상시켰습니다. 이 기계는 현대적인 에스프레소 머신의 표준이 되었으며 이후 출시된 많은 커피머신에 영향을 미쳤습니다.

가찌아의 레버 커피머신

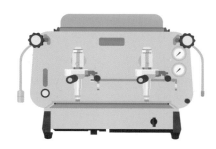

훼마 E-61 커피머신

21세기와 현대 에스프레소 문화

커피머신의 발달로 높은 품질의 에스프레소가 안정적으로 추출이 가능해졌고, 이를 바탕으로 라떼, 카푸치노 등 다양한 에스프레소 기반의 음료가 탄생했습니다. 1980년대부터는 스페셜티 커피 붐이 일어나면서 에스프레소는 전 세계적으로 큰 인기를 끌기 시작했습니다. 커피 스타일과 기계 기술의 발전 덕분에 에스프레소는 더욱 정교해졌고, 자동화된 커피머신과 원두 재배의 획기적인 변화, 다양한 로스팅 방식 등으로 각자의 취향에 맞는 에스프레소를 즐길 수 있게 되었습니다. 오늘날의 에스프레소는 단순한 음료를 넘어서 전 세계 커피 문화의 중심으로 자리 잡았습니다.

에스프레소가 중요한 이유?

에스프레소는 카페의 핵심 메뉴로 다양한 커피 음료의 기초가 된다.
에스프레소에 대한 이해는 카페 운영의 기본이자 시작이다.

카페 운영의 중심

에스프레소는 다양한 커피 음료의 기본이자, 원가 대비 수익성이 높은 음료입니다. 라떼, 카푸치노, 아메리카노, 마키아토, 카페모카와 같은 인기 메뉴들은 모두 에스프레소를 기반으로 만들어지며, 이를 통해 카페는 안정적인 수익을 창출할 수 있습니다. 에스프레소는 단순한 음료를 넘어, 카페 운영에서 중심적인 역할을 하며 성공을 좌우하는 중요한 요소가 됩니다.

커피 맛의 기준

에스프레소는 가장 농축된 형태의 커피로, 원두 본연의 맛과 향을 강하게 느낄 수 있습니다. 한 잔의 에스프레소에는 신선한 원두의 특징이 모두 응축되어 있어, 이를 통해 커피의 풍미와 품질을 평가할 수 있습니다. 에스프레소는 다양한 커피 음료의 기본이자, 카페마다 고유한 커피 맛의 기준이 되기 때문에 더욱 중요합니다.

바리스타의 실력 표현

에스프레소는 정확한 기술과 경험이 요구되는 음료로 커피머신의 압력, 물의 온도, 원두의 분쇄도 등 여러 요소가 에스프레소의 완성도를 결정짓게 합니다. 한 잔의 에스프레소에는 바리스타의 추출 실력과 커피머신 조작 능력이 고스란히 드러나기 때문에, 에스프레소를 통해 카페의 전체적인 커피 수준을 엿볼 수 있습니다.

신속한 추출의 대표주자

커피를 추출하는 방법은 많지만, 에스프레소는 짧은 시간 안에 커피를 추출할 수 있다는 큰 장점이 있습니다. 특히 점심시간처럼 주문이 몰리는 시간대에는 커피머신으로 추출한 에스프레소가 다양한 커피 음료를 빠르게 제공할 수 있는 효율적인 방법이 됩니다. 이렇게 에스프레소는 고객에게 신속하게 커피를 제공하면서도 서비스와 품질을 동시에 유지할 수 있는 중요한 방법이 됩니다.

에스프레소란 무엇인가?

바리스타가 에스프레소의 정의를 정확하게 이해하면
추출 과정에서 필요한 요소들을 효과적으로 다룰 수 있다.

에스프레소란?

에스프레소(Espresso)는 **"90°C 이상의 뜨거운 물을 높은 압력(보통 9바(bar))으로 곱게 갈린 커피 원두에 통과시켜, 짧은 시간(보통 25~30초) 안에 진하고 농축된 커피를 추출"**하는 방법입니다. 원두의 풍미와 향이 강하게 끌어내어져 진하고 풍부한 맛이 나며, 이 과정에서 추출된 커피 위에는 황금빛 거품층인 크레마가 생깁니다. 에스프레소는 다양한 커피 음료의 기초가 되며 추출의 정확도와 바리스타의 기술에 따라 그 품질이 달라집니다.

높은 압력   뜨거운 물

25~30초

에스프레소의 어원

'에스프레소(Espresso)'라는 말은 "빠르게 만들어진" 또는 "주문에 맞춰 즉석에서 특별히 준비된"이라는 뜻입니다. 이 단어는 이탈리아어 동사 "esprimere"에서 비롯되었는데, "표현하다" 또는 "짜내다"라는 의미로, 커피 원두를 압력을 이용해 짜내어 추출하는 과정을 나타내기도 합니다.

에스프레소의 조건

에스프레소는 여러 조건이 충족되어야 이상적인 맛과 품질을 낼 수 있다.
아래의 내용은 에스프레소가 되기 위한 조건으로 커피 추출에서 중요한 부분이므로 꼭 기억하자.

원두의 분쇄도

에스프레소 추출을 위한 **원두는 밀가루보다 약간 굵은 정도로 곱게 분쇄**해야 합니다. 적절한 굵기는 물이 일정한 압력으로 원두를 통과하게 됩니다. 분쇄도가 너무 고우면 물의 흐름이 막혀 쓴맛이 강해지고, 너무 굵으면 물이 빠르게 통과해서 밋밋한 맛이 날 수 있습니다.

추출 압력

에스프레소를 추출할 때는 **9바(bar) 이상의 추출 압력이 필요**합니다. 이 압력으로 뜨거운 물을 커피가루에 강하게 밀어 넣으면 크레마와 함께 농축된 진한 맛의 커피가 추출됩니다. 추출 압력이 약하면 커피 맛이 밋밋해지고, 압력이 너무 세면 쓴맛이 강해져 맛과 향의 균형이 깨질 수 있습니다.

물의 온도

어떤 추출 방법을 사용하든 커피 추출에서 물 온도는 핵심적인 요소이며, 적절한 온도가 아니면 커피 성분이 충분히 우러나지 않습니다. **추출에 적당한 물 온도는 90~96°C**로 너무 뜨거우면 쓴맛이 강해지고, 너무 차가우면 신맛이 두드러지고 전체적인 풍미가 약해질 수 있습니다.

추출 시간

에스프레소는 **25~30초라는 짧은 시간 안에 원두의 풍미와 향을 최대한 끌어내는 추출 방법**입니다. 이 시간은 원두의 분쇄도, 양, 커피머신의 압력에 따라 달라질 수 있지만, 보통 25~30초가 에스프레소 추출의 일반적인 시간입니다. 일부러 시간을 늘리거나 줄여 커피의 맛을 조절하기도 합니다.

추출량

에스프레소 한 잔(싱글샷)을 만들 때 사용하는 원두 양은 7~9g, 더블샷은 14~18g 정도이며 **일반적으로 원두 양의 약 2배(30~45ml)로 추출**합니다. 추출 시간과 추출량을 조절하여 리스트레토와 룽고처럼 맛을 다르게 추출할 수 있습니다.

에스프레소 한 잔의 구조

에스프레소는 크레마, 바디, 하트의 세 층으로 구성되어 각각 향, 질감, 진한 맛을 담당한다.
이 세 층이 어우러져 에스프레소의 풍미와 완성도를 결정한다.

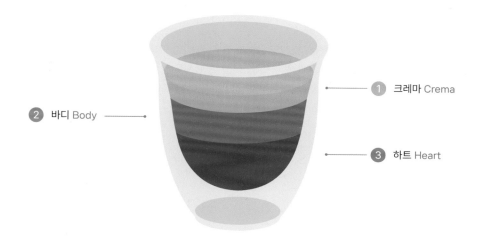

1 크레마 Crema

2 바디 Body

3 하트 Heart

1 크레마 Crema

에스프레소의 가장 위에 위치한 황금빛 거품층인 크레마는, 고압의 뜨거운 물이 커피가루를 통과하면서 커피 오일과 이산화탄소가 결합하여 만들어집니다. 크레마는 커피의 향을 풍부하게 만들어주고 보호하며, 에스프레소의 완성도를 나타내는 중요한 시각적 요소가 됩니다.

2 바디 Body

크레마 바로 아래에 위치한 바디는 커피의 무게감과 질감을 나타내며, 신맛, 단맛, 쓴맛이 조화롭게 어우러져 에스프레소를 더욱 풍부하게 만듭니다. 바디 덕분에 에스프레소는 일반 커피보다 더 진하고 풍부하게 느껴지며, 깊고 풍성한 맛과 질감을 만들어내는 중요한 부분입니다.

3 하트 Heart

하트는 에스프레소의 가장 아래에 있는 층으로 커피의 쓴맛과 진한 풍미가 농축된 부분입니다. 이 층은 짙은 갈색 또는 검은색을 띠며, 쓴맛이 단맛과 신맛과 어우러져 에스프레소의 맛 균형을 이루는 역할을 합니다.

크레마가 얇거나 없으면 원두가 오래되었거나 추출 과정에서 압력이나 물 온도가 잘못되었을 수 있어요.

에스프레소 추출의 기본 원리

커피 추출은 뜨거운 물이 커피가루와 만나 맛과 향을 끌어내는 과정이다.
이 과정에서 커피 속 다양한 성분이 물에 녹아 우리가 마시는 커피로 완성된다.

커피 추출의 핵심

커피 추출에 필요한 성분은 로스팅 과정에서 형성된 성분과 생두(커피 열매)의 기본적인 성분입니다. 추출 과정에서는 생두의 기본 성분을 잘 녹여내야 맛있는 커피가 되며, 이를 위해 원두를 잘게 분쇄하여 표면적을 넓혀야 합니다. 추출 시간이 짧으면 성분이 충분히 녹아내지 않아 시거나 밍밍한 맛이 나고, 추출 시간이 길면 로스팅 과정에서 형성된 성분까지 과도하게 추출되어 탄맛이 날 수 있습니다. 커피 추출의 핵심은 원두 본래의 성분을 적절히 끌어내는 것입니다.

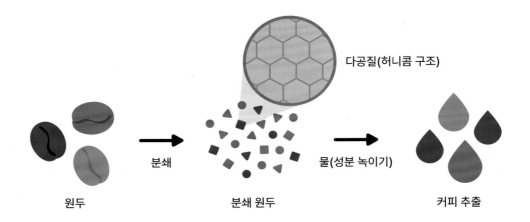

다공질(허니콤 구조)

원두   분쇄   분쇄 원두   물(성분 녹이기)   커피 추출

Barista's Tips

다공질 허니콤 구조

생두는 로스팅 시 열을 받아 팽창하고 내부의 기체가 배출되며 다공질의 허니콤 구조로 변형됩니다. 이 구조는 물이 원두에 쉽게 스며들게 하여 향미 성분과 유용 물질이 효과적으로 추출되어 커피의 맛과 향을 결정짓게 합니다.

에스프레소 추출의 핵심, 저항

에스프레소는 압력을 사용해 커피를 추출하는데, 이때 중요한 것은 **포터필터의 바스켓에 적절한 저항을 만드는 것**입니다. 바스켓에 필요한 **저항을 결정하는 두 가지 주요 요소는 '커피가루의 양(도징량)'과 '커피가루의 굵기(분쇄도)'**입니다. 적절한 양과 굵기의 커피가루가 압력을 잘 받으면 에스프레소가 고르게 추출됩니다.

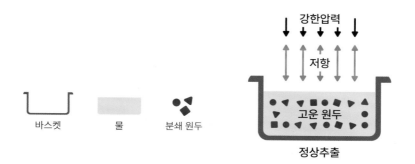

커피가루가 너무 곱게 분쇄되면 물이 원활하게 통과하지 못해 압력에 대한 저항이 강해지고, 반대로 너무 굵으면 저항이 약해집니다. 저항이 강하면 추출되는 성분이 과도해져 쓴맛이 나게 되고, 저항이 약하면 성분 추출이 부족해 시거나 밍밍한 맛이 나게 됩니다.

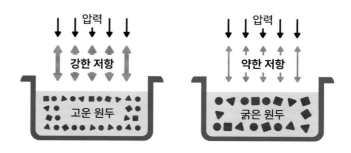

바스켓에 담기는 커피가루의 양이 많으면 압력으로 눌러주는 공간이 부족해져 저항이 강해지고, 반대로 커피가루의 양이 적으면 저항이 약해집니다. 저항이 강하면 추출이 불균형해지고 과다 추출 가능성이 있습니다. 저항이 약하면 과소 추출이 됩니다.

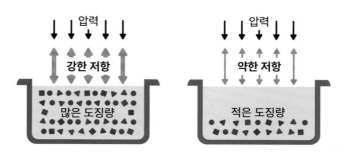

에스프레소 추출 과정

에스프레소 추출의 모든 과정은 맛에 큰 영향을 미치기 때문에,
바리스타는 각 단계를 신중하게 진행해야 고품질의 에스프레소를 완성할 수 있다.

① 그라인더 세팅 Grinder Setting

그라인더에서 에스프레소 추출에 적합한 분쇄도
를 설정하고 필요한 양만큼 원두를 분쇄합니다.

Point! 에스프레소 추출에 적합한 분쇄도를 설정한다.

② 도징 Dosing

분쇄된 커피가루를 포터필터에 정확한 양만큼
담습니다. 2샷 기준으로 18~20g 정도의 커피
가루가 담기게 됩니다.

Point! 정확한 양을 도징하는 것이 중요하다.

③ 평탄화 Leveling

포터필터에 담긴 커피가루를 균일하게 정리하
는 과정입니다. 평탄화가 제대로 이루어지지 않
으면 물이 불균일하게 통과하여 추출이 고르지
않게 됩니다.

Point! 추출의 일관성을 위해 평평하게 정리한다.
레벨링 도구를 사용하기도 한다.

④ 탬핑 Tamping

탬퍼로 포터필터 안의 커피가루를 15~20kg의
힘으로 고르게 눌러주는 과정입니다. 탬핑이 고
르지 않으면 물이 한쪽으로 흐르며 채널링 현상
이 발생해 추출이 불균형해질 수 있습니다.

Point! 일정한 압력으로 수평을 유지하면서 눌러준다.

⑤ 플러싱 Flushing

커피머신의 추출 버튼을 눌러 열수를 흘려 추출 온도를 적정 상태로 만듭니다. 열수 흘리기가 너무 길면 오히려 온도가 떨어질 수 있으니 주의합니다.

Point! 열수 흘리기를 통해 추출수의 온도를 맞춰준다.

⑥ 추출 Extraction

포터필터를 커피머신의 그룹헤드에 장착한 후 추출 버튼을 눌러 에스프레소를 추출합니다. 일반적으로 25~30초 동안 약 30~45ml의 에스프레소를 추출합니다.

Point! 추출되는 동안 추출 시간과 크레마 생성을 주의 깊게 관찰한다.

⑦ 추출 확인

추출된 에스프레소의 맛과 크레마를 확인한 후, 이를 바탕으로 주문받은 메뉴를 준비하여 고객에게 제공합니다.

Point! 추출된 에스프레소의 농도와 크레마 상태를 항상 확인한다.

⑧ 청소와 유지관리

추출이 끝나면 포터필터의 찌꺼기를 제거하고 깨끗이 닦아 다음 추출을 준비합니다. 그룹헤드도 물을 흘려 청소하여 위생을 유지하고 다음 추출에 영향을 주지 않도록 합니다.

Point! 커피머신과 도구를 항상 깨끗하게 관리하여 일정한 추출이 되도록 한다.

커피가루의 굵기, 분쇄도

추출 방식에 따라 분쇄 굵기가 달라지며, 이는 추출 시간, 압력, 물과의 접촉 방식에 따라 결정된다.
각 방식에 맞게 분쇄도를 조절해야 커피의 맛과 향을 최적화할 수 있다.

추출 방법에 따라 달라지는 분쇄도

프렌치 프레스는 긴 시간 동안 물과 커피가 함께 담겨 추출되므로 굵은 분쇄가 필요합니다. 드립 커피는 물이 커피를 적당한 시간 동안 통과하도록 중간 정도의 분쇄가 적합하며, 에스프레소는 고온과 고압에서 빠르게 추출되므로 고운 분쇄가 필요합니다. **각 추출 방식에 맞게 분쇄도를 조절하는 것이 맛있는 커피를 만드는 기본**입니다.

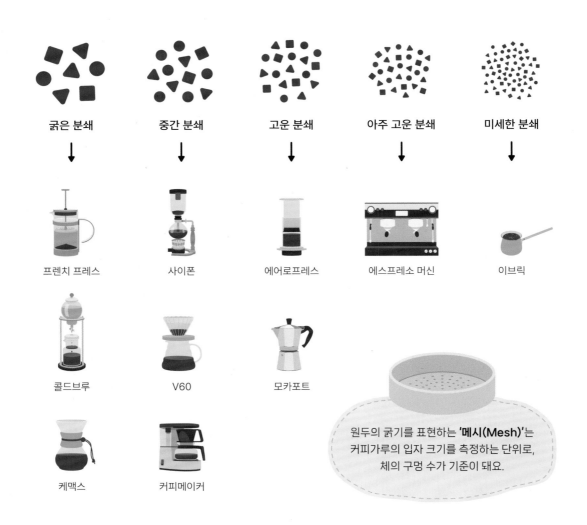

원두의 굵기를 표현하는 **'메시(Mesh)'**는 커피가루의 입자 크기를 측정하는 단위로, 체의 구멍 수가 기준이 돼요.

추출 시간에 따라 달라지는 분쇄도

커피가루의 분쇄도는 추출 시간에 따라 달라집니다. **추출 시간은 물이 커피가루와 접촉한 시간에 따라 결정되며, 시간이 길어질수록 더 많은 성분이 추출**됩니다. 그러나 과도한 추출은 쓴맛과 텁텁한 맛을 유발할 수 있으므로, 적정 추출 시간을 맞추기 위해 분쇄도를 조절해야 합니다. 프렌치 프레스는 침지식 추출 방식으로 추출 시간이 길기 때문에 굵은 분쇄도가 필요하며, 에스프레소는 빠른 추출 시간이 요구되므로 고운 분쇄도를 필요로 합니다.

짧은 추출 시간   중간 추출 시간   긴 추출 시간

짧은 추출 시간 에스프레소

에스프레소는 높은 온도와 압력에서 빠르게 추출되므로, **커피가루를 곱게 갈아 표면적을 넓히고 물과 충분히 접촉하게 해야 맛과 향을 제대로 추출**할 수 있습니다. 반면, 굵은 분쇄는 물이 너무 빨리 지나가 추출이 부족해져 밍밍한 맛이 날 수 있습니다.

중간 추출 시간 드립 추출

드립 커피는 **물이 천천히 커피가루를 통과하면서 추출되며,** 추출 시간은 에스프레소보다는 길고 프렌치 프레스보다는 짧습니다. 이 때문에 중간 굵기의 분쇄가 필요합니다. 너무 고운 분쇄는 과다 추출을 초래할 수 있고, 너무 굵은 분쇄는 물이 빠르게 지나가 맛이 제대로 우러나지 않습니다.

긴 추출 시간 프렌치 프레스

프렌치 프레스는 물과 커피가루가 오랫동안 접촉하면서 추출됩니다. 이 과정에서 물이 천천히 커피의 맛을 끌어내는데, 커피가루가 너무 고우면 과도한 성분이 추출되어 쓴맛이 나게 됩니다. 그래서 프렌치 프레스에서는 커피가루를 굵게 갈아 추출합니다.

커피가루의 양, 도징

도징은 에스프레소 추출 시 포터필터에 넣는 커피가루의 양을 측정하고 조절하는 과정으로,
에스프레소의 맛과 품질에 큰 영향을 미치는 중요한 단계이다.

도징이란?

도징(Dosing)은 에스프레소 추출 과정 중, **그라인더에서 분쇄된 커피가루를 정확히 측정하여 포터필터에 담는 단계**를 말합니다. 커피가루의 양은 커피 맛에 큰 영향을 미치기 때문에, 도징량이 달라질 경우 맛에도 변화가 생깁니다. 이러한 이유로 카페에서는 커피를 추출할 때마다 도징량을 정확히 맞춰 커피의 맛을 항상 일정하게 유지해야 합니다. 도징량이 많으면 쓴맛이 강해질 수 있으며, 반대로 도징량이 적으면 커피가 연하고 묽은 맛이 나므로 포터필터 바스켓 크기에 적합한 적정량을 도징하는 것이 중요합니다.

도징 과정

① 저울로 무게 측정하기

바스켓에 맞는 커피가루의 양을 정확하게 측정합니다. 일관된 맛을 유지하기 위해서는 저울을 사용하여 항상 일정한 양을 도징하는 것이 중요합니다.

② 커피가루 골고루 분배하기

물길이 한쪽으로 집중되는 채널링 현상을 막고 고른 추출을 위해 포터필터에 담긴 커피가루를 균일하게 분배합니다.

③ 평평하고 단단하게 누르기

탬퍼를 사용해 커피가루를 평평하고 단단하게 눌러줍니다. 이렇게 하면 물이 커피 층을 고르게 통과할 수 있어 일관된 추출이 됩니다.

커피를 추출할 때마다 매번 정확한 양을 도징하기 어려워, 요즘은 자동으로 일정한 양을 분쇄해주는 전동 그라인더를 사용해요.

도징 시 주의할 점

도징량이 설정보다 많으면 업도징, 적으면 다운도징이라 하며, **일관된 에스프레소 추출을 위해서는 도징량을 정확히 지키는 것이 중요**합니다. 특정한 맛을 위해 업도징을 할 수도 있지만, 기본은 설정된 양을 유지하는 것입니다. 도징 후 커피가루가 고르게 분배되지 않으면 추출 불균형이 발생할 수 있기 때문에 도징과 분배를 통해 추출의 일관성이 확보되어야 합니다.

업 도징 Up Dosing

설정된 양보다 더 많은 커피가루가 포터필터에 들어가는 것입니다. 헤드 스페이스가 부족해져 원두 성분이 제대로 추출되지 않고 물이 고르게 통과하지 않아 과다 추출되어 쓴맛이 강해질 수 있습니다.

다운 도징 Down Dosing

설정된 양보다 적게 커피가루가 포터필터에 들어가는 것을 말합니다. 헤드 스페이스가 많아 물에 대한 저항이 약해지고, 물이 빠르게 통과하면서 과소 추출되어 연하고 밋밋한 커피가 됩니다.

고르지 않은 도징

도징된 커피가루를 평평하게 고르지 않으면, 추출 시 채널링 현상이 발생해 추출이 불균형해져 커피의 맛이 제대로 우러나지 않습니다. 때문에 도징된 커피가루는 반드시 균일하게 수평을 맞춰야 합니다.

완벽한 도징

바스켓 크기에 맞게 적당량의 커피가루를 도징하고 평평하게 한 뒤, 탬핑기로 잘 눌러 수평을 맞춰주면 완벽한 도징이 됩니다. 이렇게 되면 고르게 추출되어 최상의 결과를 얻을 수 있습니다.

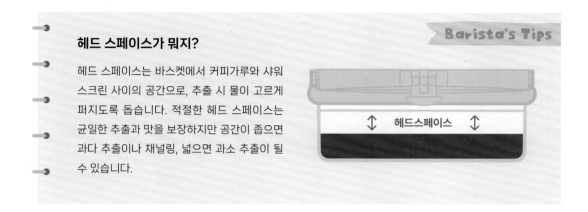

Barista's Tips

헤드 스페이스가 뭐지?

헤드 스페이스는 바스켓에서 커피가루와 샤워 스크린 사이의 공간으로, 추출 시 물이 고르게 퍼지도록 돕습니다. 적절한 헤드 스페이스는 균일한 추출과 맛을 보장하지만 공간이 좁으면 과다 추출이나 채널링, 넓으면 과소 추출이 될 수 있습니다.

↕ 헤드스페이스 ↕

커피가루를 눌러 주는, 탬핑

탬핑은 포터필터 안에 도징된 커피가루를 평평하고 단단하게 눌러주는 과정으로,
탬핑 방식에 따라 커피 추출의 품질이 크게 달라질 정도로 중요한 역할을 한다.

탬핑의 역할

탬핑(Tamping)은 **포터필터 바스켓 안의 커피가루를 고르게 압축하는 과정**으로, 에스프레소 추출에 중요한 역할을 합니다. 균일한 저항을 제공하여 추출의 균일성을 보장하고, 일정한 압력을 유지해 물이 커피가루 전체에 고르게 퍼지도록 도와 부드럽고 풍부한 맛을 추출할 수 있습니다. 커피가루가 고르게 눌리지 않으면 물은 저항이 적은 부분으로만 흘러 과소 추출과 과다 추출이 발생해 에스프레소의 맛이 불안정해질 수 있습니다.

탬핑 과정

① 포터필터에 커피가루를 도징한 후 손이나 레벨링 툴로 커피가루가 바스켓 안에서 고르게 분포되도록 정리합니다.

② 탬퍼를 수직으로 잡고 탬퍼가 기울어지지 않도록 주의하면서 커피가루의 표면에 직각으로 놓고 일정한 압력을 가합니다.

탬핑 시에는 15~20kg의 압력을 권장하지만 일정한 압력을 유지하는 것이 더 중요해요.

③ 탬퍼를 가볍게 회전시켜 커피가루의 표면을 매끄럽게 정리합니다. 탬핑 후 포터필터의 가장자리에 남아 있는 커피가루를 깨끗하게 털어내 추출할 준비를 마칩니다.

탬핑 시 주의할 점

탬핑을 할 때는 매번 동일한 힘으로 눌러주는 것이 중요합니다. 너무 강하게 탬핑하면 물이 통과하는 데 시간이 길어져 과다 추출이 발생할 수 있고, 반대로 너무 약하게 탬핑하면 물이 빠르게 흐르며 연한 맛이 날 수 있습니다.

수평 유지

탬퍼가 수평을 유지하도록 눌러야 합니다. 기울어진 상태에서 탬핑하면 커피 층이 고르지 않게 되어 추출이 불균형하게 됩니다.

적당한 압력 사용

탬핑 시 과도한 압력을 피하는 것이 중요합니다. 너무 강하면 물이 통과하기 어렵고, 너무 약하면 추출이 고르지 않아 일관된 맛을 내기 어렵습니다.

일관성 있는 탬핑

매번 동일한 압력과 동일한 방식으로 탬핑을 해야 커피 맛이 일관되게 유지됩니다.

태핑 금지

탬핑 후 포터필터의 측면을 탬퍼로 두드리는 '태핑'은 커피 퍽에 균열을 발생시킬 수 있으므로 피해야 합니다.

도징과 탬핑의 상관관계

도징과 탬핑은 추출에 밀접하게 연결된 과정으로 **도징이 균일하지 않으면 탬핑을 아무리 잘해도 커피층이 고르게 압축되지 않아 채널링이 발생해서 맛에 영향을** 미치게 됩니다. 에스프레소는 짧은 시간 안에 커피를 추출하기 때문에 도징과 탬핑 과정의 일관성이 매우 중요합니다. 이를 위해 매장에서는 일관된 힘으로 눌러주는 자동 탬핑기를 사용하기도 합니다.

자동 탬핑기

추출의 시작과 프리인퓨전

프리인퓨전은 에스프레소를 추출하는 과정에서 포터필터에 높은 압력이 가해지기 전에
커피가루에 낮은 압력으로 물을 먼저 적셔주는 단계를 말한다.

프리인퓨전이란?

프리인퓨전 Pre-infusion은 **커피 추출수를 낮은 유량이나 낮은 압력으로 커피 퍽에 천천히 주입해 원두의 가스를 제거하고, 물이 커피 퍽과 균일하게 접촉하는 과정**입니다. 커피가루가 물에 천천히 적셔지고 고르게 스며들어, 채널링을 최소화하며 추출의 안정성과 일관성이 높아지게 됩니다. 요즘 출시되는 커피머신들은 프리인퓨전 기능을 설정할 수 있어 바리스타가 원두와 매장 환경에 맞춰 최적의 설정을 조정할 수 있습니다.

프리인퓨전 설정으로
안정적인 추출이 되는 모습

로스팅 후 이산화탄소가 많은 원두도
프리인퓨전을 적용하면 안정적인
에스프레소 추출이 가능해요.

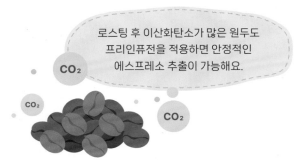

프리인퓨전 설정이 잘못되어
채널링 현상이 발생한 모습

프리인퓨전 설정하기

프리인퓨전 설정은 에스프레소 머신의 모델에 따라 방식이 달라질 수 있지만, 일반적으로 물의 유량과 압력을 낮은 수준에서 시작해 점차적으로 높여가는 방식으로 진행됩니다.

 시간 설정하기

본 추출이 시작되기 전으로 보통 2~10초 정도로 설정하며 원두의 로스팅 정도와 분쇄도, 도징량에 따라 조정할 수 있습니다.

 압력 설정하기

프리인퓨전의 압력 설정은 1~4바(bar) 정도의 낮은 압력으로 설정하면 됩니다. 너무 높은 압력은 과한 추출을 초래할 수 있습니다.

추출 완료와 크레마

커피 추출이 완료되는 시점은 에스프레소의 목표 추출량, 추출 시간, 그리고
크레마의 상태를 통해 판단할 수 있다.

에스프레소 추출 완료

에스프레소는 **추출 시간(25~30초)과 목표 추출량(싱글샷 25~30ml, 더블샷은 40~60ml)에 도달하면 완료되며, 크레마의 상태로 추출 완료 시간을 판단**할 수도 있습니다. 추출 시간이 너무 짧으면 과소 추출로 크레마가 얇고 밝아지고 맛이 약해지며, 너무 길면 과다 추출로 크레마가 어두워지고 거품이 많아지며 쓴맛이 강해질 수 있습니다.

크레마의 역할과 중요성

크레마는 에스프레소의 풍미와 질감을 완성하며 커피의 향과 맛에 큰 영향을 미치는 중요한 요소입니다. 풍부한 크레마는 신선한 원두를 사용해 추출되었음을 나타내지만, 오래된 원두를 사용할 경우 크레마가 얇거나 거의 형성되지 않을 수 있습니다. **크레마는 에스프레소의 시각적 매력을 높일 뿐만 아니라, 커피의 품질을 평가하는 데도 중요한 역할**을 합니다. 또한, 추출 과정에서 크레마의 형성과 변화를 통해 추출 완료 시점을 파악해 최상의 에스프레소를 추출할 수 있습니다.

크레마는 커피 오일과 이산화탄소가 결합해서 만들어지고, 신선한 원두에서 더 풍부하게 생성돼요. 추출 온도와 압력이 적절하게 유지되면 크레마의 품질이 향상돼요.

CO_2

에스프레소의 품질 평가

에스프레소의 품질을 평가하는 이유는 맛과 향을 최적화하고 일관된 품질을 유지하기 위한 것이다.
이를 통해 추출 문제를 조기에 파악하고 커피 맛을 고르게 제공할 수 있다.

에스프레소를 평가하는 방법

추출된 에스프레소는 **크레마와 농도를 통해 추출 상태를 확인하고, 향을 맡아 원두의 특성과 로스팅 상태를 파악**합니다. 에스프레소가 식으면서 나타나는 향의 변화도 관찰하며 추출이 잘 되었는지 점검합니다. 마지막으로, 맛을 평가하여 첫맛, 맛의 강도, 바디감, 뒷맛 등을 확인합니다. 이를 통해 추출 상태를 점검하고 필요에 따라 추출 변수들을 조정하거나 원두의 품질을 다시 확인할 수 있습니다.

시각 평가

크레마 색상은 에스프레소의 추출 상태를 나타냅니다. 황금빛이나 짙은 갈색은 적절한 추출을, 창백하거나 어두운 색은 과소 또는 과다 추출을 의미합니다. 크레마 상태를 통해 원두의 신선도, 추출 시간, 분쇄도 등의 상태를 파악할 수 있습니다.

후각 평가

추출된 에스프레소에서 다양한 향이 풍부하게 느껴지면 원두 상태와 로스팅이 적절하다는 뜻입니다. 캐러멜, 초콜릿, 꽃향 등이 균형 있게 나타나면 추출이 잘 된 것이며, 반대로 소독약 냄새나 탄 냄새는 과다 추출의 가능성이 있습니다.

미각 평가

추출된 에스프레소는 맛을 통해 추출 상태를 평가할 수 있습니다. 첫맛은 신맛, 쓴맛, 단맛의 균형으로 추출 상태를 알 수 있으며, 바디감은 농도와 관련이 있습니다. 뒷맛이 부드럽고 단맛이 남으면 추출이 잘된 것이며, 쓴맛이나 탄맛이 오래 남으면 과다 추출되었음을 의미합니다.

에스프레소의 맛 평가 항목 살펴보기

추출된 에스프레소는 SCA(Specialty Coffee Association) 커핑 평가표를 기준으로 품질을 평가합니다. 주요 평가 항목으로는 향미, 맛, 바디, 쓴맛, 산미, 단맛, 균형감, 후미, 청량감, 종합 평가 등이 있습니다. 이를 통해 에스프레소의 품질과 추출 상태를 체계적으로 분석할 수 있습니다.

향미 Aroma

아로마는 에스프레소의 향기를 의미하며, 이를 통해 커피의 품질과 신선함을 알 수 있습니다. 꽃향, 과일향, 초콜릿 등 다양한 향이 어우러져 커피의 개성을 만들어 냅니다.

맛 Flavor

플레이버는 커피를 마실 때 입안에서 느껴지는 풍미와 다양한 조화를 의미하며, 과일, 견과류, 캐러멜 등 다양한 풍미의 조화와 밸런스는 커피 품질을 평가하는 중요한 요소입니다.

바디 Body

바디감은 커피를 마실 때 느껴지는 무게감과 질감으로, 에스프레소의 농도와 밀도를 나타냅니다. 진한 바디의 커피는 묵직하고 크림 같은 질감을 주며, 가벼운 바디는 부드럽고 깔끔한 느낌이 납니다.

쓴맛 Bitterness

쓴맛은 카페인과 클로로젠산 성분에서 비롯되며, 로스팅이 짙을수록 강해집니다. 적절한 로스팅에서 나오는 쓴맛은 깊이감과 강렬함을 더하지만, 과다 추출된 쓴맛은 불쾌한 여운을 남깁니다.

산미 Acidity

산미는 커피의 신맛을 의미하며, 신선하고 상쾌한 느낌을 줍니다. 레몬, 베리와 같은 과일 맛에서 느껴집니다. 적당한 산미는 커피를 깔끔하고 상쾌하게 만들어 주지만 너무 강하면 불쾌할 수 있습니다.

단맛 Sweetness

단맛은 원두의 당분과 로스팅 과정에서 만들어진 캐러멜화 성분에서 비롯되며, 초콜릿, 캐러멜, 꿀 등의 풍미로 나타납니다. 단맛과 산미가 조화를 이루면 커피의 균형감이 돋보입니다.

균형감 Balance

밸런스는 에스프레소 맛의 요소들이 조화롭게 어우러지는 정도를 의미하며, 산미, 단맛, 쓴맛, 바디감이 균형을 이루면 즐거운 맛이 나오지만, 어떤 요소가 과도하거나 부족하면 균형이 깨집니다.

후미 Aftertaste

후미는 커피를 삼킨 후 입안에 남는 맛과 느낌을 의미합니다. 좋은 에스프레소는 오랫동안 풍미가 남아야 하며, 부드럽고 긍정적인 여운은 고급 커피의 특징입니다.

청량감 Clean Cup

클린 컵은 에스프레소가 깔끔하게 느껴지는 정도를 말하며, 좋은 커피는 찌꺼기나 불쾌한 맛 없이 맛이 명료하고 깨끗하게 전달됩니다. 이는 에스프레소의 품질을 나타내는 중요한 요소입니다.

에스프레소 감각평가표

각 항목에 대해 주관적으로 느껴지는 점을 체크하여 추출된 에스프레소를 평가해 보세요. 이를 통해 추출 상태를 세부적으로 분석하고, 맛의 균형과 품질을 개선할 수 있습니다.

평가 항목	설명	체크		
크레마의 두께	크레마는 두껍고 풍부한가?	☐ 매우 얇음 ☐ 두꺼움	☐ 얇음 ☐ 매우 두꺼움	☐ 보통
크레마의 색상	크레마의 색상이 어떤가?	☐ 밝은 황금색 ☐ 거품이 없음	☐ 갈색	☐ 어두운 색
에스프레소의 색상	에스프레소의 색상이 일관된가?	☐ 매우 연함 ☐ 강함	☐ 연함 ☐ 매우 강함	☐ 보통
향의 강도	에스프레소의 향이 얼마나 강한가?	☐ 매우 약함 ☐ 강함	☐ 약함 ☐ 매우 강함	☐ 보통
향의 종류	어떤 향이 나는가?	☐ 과일 ☐ 꽃향기	☐ 초콜릿 ☐ 스파이스	☐ 견과류 ☐ 불쾌한 냄새
불쾌한 냄새	불쾌한 냄새가 있는가?	☐ 전혀 없음 ☐ 보통	☐ 약간 ☐ 많음	☐ 있음 ☐ 매우 많음
단맛	단맛이 느껴지는가?	☐ 전혀 없음 ☐ 많음	☐ 약간 있음 ☐ 매우 많음	☐ 보통
신맛	신맛이 느껴지는가?	☐ 전혀 없음 ☐ 많음	☐ 약간 있음 ☐ 매우 많음	☐ 보통
쓴맛	쓴맛이 느껴지는가?	☐ 전혀 없음 ☐ 많음	☐ 약간 있음 ☐ 매우 많음	☐ 보통
바디감	바디감이 어떻게 느껴지는가?	☐ 매우 가벼움 ☐ 무거움	☐ 가벼움 ☐ 매우 무거움	☐ 보통
잔여감	입에 남는 맛이 어떤가?	☐ 매우 짧음 ☐ 길음	☐ 짧음 ☐ 매우 길음	☐ 보통

커피 맛의 표현, 플레이버 휠

플레이버 휠은 커피의 다양한 향미와 맛을 표현하고 이해하는 데 사용되며, 로스터와 바리스타,
고객 간에 맛을 설명할 때 유용하다. 커피 품질 평가 시 체계적인 기준도 제공한다.

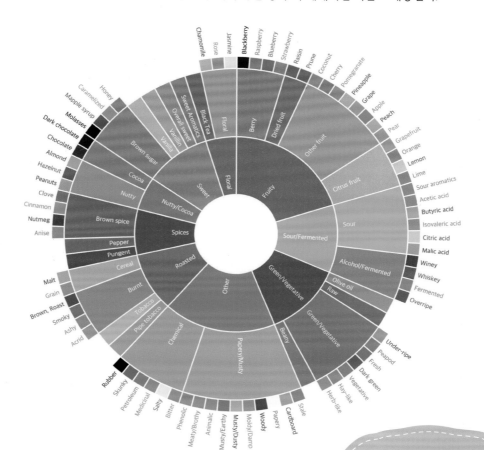

플레이버 휠이란?

커피 플레이버 휠 Coffee Flavor Wheel은 1995년 미국 스페셜티 커피 협회
(SCAA)와 월드 커피 리서치(WCR)가 **커피의 풍미를 체계적으로 표현하고
감각적 평가를 표준화하기 위해 개발한 도구**로, 커피의 맛과 향을 이해하고
설명하는 데 유용한 시각적 가이드입니다. 여러 겹의 원으로 구성된 플레이
버 휠은 중앙에서 외곽으로 갈수록 일반적인 맛에서 구체적인 맛으로 세분
화됩니다. 사용자는 커피의 맛과 향을 경험하며 휠의 중심에서 시작해 점차
구체적인 맛을 찾아가고, 이를 통해 새로운 맛에 대한 어휘를 익혀 커핑 노
트 작성, 커피 감별, 로스팅 프로파일 조정 등에 활용할 수 있습니다.

처음에는 '과일'이라는 큰 범주를
느낀 후, '베리'로 세분화하고,
더 구체적으로 '블루베리'로
표현할 수 있어요.

과소 추출과 과다 추출의 원인과 해결

과소 추출은 신맛과 밋밋한 맛을, 과다 추출은 쓴맛과 떫은맛이 나게 된다.
두 가지 모두 에스프레소의 품질에 큰 영향을 미치며 다양한 원인에 의해 발생할 수 있다.

과소 추출과 과다 추출이란?

과소 추출과 과다 추출은 에스프레소 추출에서 발생하는 문제로 추출이 제대로 이루어지지 않았을 때 나타납니다.
과소 추출은 원두의 성분이 제대로 추출되지 않아 산미가 많거나 물맛이 나며, 반대로 과다 추출은 너무 많은 성분을
과하게 추출해 쓴맛이나 떫은맛이 나는 상태입니다. 과소 추출과 과다 추출은 여러 가지 원인에 의해 발생할 수 있으
므로, 문제를 해결하기 위해 원인을 정확히 파악해야 합니다.

과다 추출
쓰고 진한 맛

정상 추출
균형 잡힌 맛

과소 추출
시고 밍밍한 맛

추출 변수에 따라 추출량이
달라질 수 있으므로, 바리스타는 매일
추출 상태를 점검해야 해요.

원인과 해결법

과소 추출과 과다 추출의 원인으로는 분쇄도, 추출 시간, 물 온도, 도징과 탬핑 등이 주요하게 영향을 미칩니다. 이러
한 변수들에 의해 커피의 맛과 품질이 크게 달라질 수 있습니다.

1 분쇄도

	과다추출	과소추출
원인	원두를 너무 곱게 분쇄하여 물이 커피 퍽을 통과하는 시간이 오래 걸려 과다 추출로 인해 쓴맛과 떫은 맛이 난다.	원두를 너무 굵게 분쇄하여 물이 커피 퍽을 통과하는 시간이 빨라져 과소 추출되어 시거나 밍밍한 맛이 난다.
해결법	분쇄도를 굵게 조절하여 물이 커피 퍽을 통과하는 시간을 줄여준다.	분쇄도를 곱게 조정하여 물이 커피 퍽을 통과하는 시간을 늘려준다.

2 추출 시간

	과다추출	과소추출
원인	추출 시간이 길어지면 물이 커피 퍽을 지나치게 오래 통과해서 과다 추출되어 쓴맛이나 떫은맛이 난다.	추출 시간이 짧으면 물이 커피 퍽을 충분히 통과하지 않아 과소 추출되어 밍밍하거나 산미가 과하게 난다.
해결법	추출 시간을 25~30초 정도로 유지하도록 조절한다.	

3 물 온도

	과다추출	과소추출
원인	물의 온도가 너무 높으면 커피 성분이 과다 추출되어 쓴맛이나 떫은 맛이 난다.	물의 온도가 너무 낮으면 커피 성분이 과소 추출되어 산미가 과하거나 밍밍한 맛이 난다.
해결법	추출 온도를 90~95°C로 조정하여 커피의 균형 잡힌 맛을 유지한다.	

4 도징과 탬핑

	과다추출	과소추출
원인	커피 가루의 양이 많거나 탬핑이 너무 세게 되면 물 흐름은 느려지고, 추출 시간이 길어져 과다 추출된다.	커피 가루의 양이 적거나 탬핑이 약하면 물 흐름이 빨라지고, 추출 시간이 짧아져 과소 추출된다.
해결법	도징량을 줄이거나, 탬핑 압력을 약하게 조절하여 커피 퍽의 밀도를 줄인다.	도징량을 늘리거나, 탬핑 압력을 강하게 하여 커피 퍽의 밀도를 높인다.

에스프레소의 추출 변수

일관된 에스프레소 추출을 위해서는 각 추출 변수에 대한 깊은 이해가 필요하다. 모든 추출 변수는
서로 밀접하게 연결되어 있으며, 이를 적절히 조절하는 것이 안정적인 에스프레소 추출의 핵심이 된다.

① 원두의 분쇄도

에스프레소 추출에서 가장 중요한 변수는 원두의 분쇄
도입니다. **원두의 분쇄 정도에 따라 추출 속도와 맛이
달라지기 때문에, 원두 상태에 맞는 적절한 분쇄도를 설
정하는 것이 매우 중요**합니다. 균일한 분쇄 품질을 유
지하기 위해 매장에서는 고품질 상업용 그라인더를 사
용하며, 바리스타는 매일 아침 원두의 상태를 확인하고
분쇄도를 조절합니다. 또한, 안정적인 분쇄 품질을 유
지하려면 그라인더를 정기적으로 청소하고, 마모된 날
은 제때 교체하는 것이 필수적입니다.

② 물의 온도

**원두의 성분을 제대로 추출하려면 적당한 물 온도가 필
요**하며, 이는 에스프레소를 포함한 모든 추출 방법에서
중요합니다. 물 온도가 낮으면 과소 추출로 신맛이 강해
지고, 높으면 과다 추출로 쓴맛이 두드러질 수 있습니
다. 에스프레소를 반복 추출할 경우 추출수의 온도가 떨
어져 맛이 변할 수 있는데, 고급 커피머신의 PID 시스템
은 추출수 온도를 안정적으로 유지해 줍니다. PID 기능
이 없는 머신은 충분히 예열하여 온도 변화를 최소화하
는 것이 중요합니다.

③ 추출 시간

에스프레소는 보통 25~30초 동안 추출됩니다. 추출 시간이 너무 짧거나 길면 커피의 맛이 균형을 잃을 수 있습니다. 시간이 짧으면 과소 추출되어 신맛이 강해지고, 시간이 길면 과다 추출로 쓴맛이 두드러질 수 있습니다. **추출 시간은 도징량과 분쇄도에 따라 달라지므로, 이 두 가지를 꾸준히 관리하는 것이 중요**합니다. 추출할 때마다 시간을 정확히 측정하고, 동일한 시간 안에 추출이 완료되도록 조정하면 일관된 에스프레소 추출을 유지할 수 있습니다.

⑤ 탬핑 압력

탬핑은 포터필터의 바스켓에 담긴 커피가루를 탬퍼를 사용해 일정한 압력으로 눌러 커피 퍽을 형성하는과정입니다. **탬핑 압력이 고르지 않으면 추출이 균일하지 않아 과소 추출이나 과다 추출이 발생**할 수 있으며, 채널링 현상이 생길 수 있습니다. 따라서 탬핑 시에는 수평을 유지하며 일정한 압력을 가하는 것이 중요합니다. 최근에는 이를 도와주는 자동 탬퍼와 압력 조절이 가능한 탬퍼가 많이 출시되어, 사용자 리뷰를 참고해 적합한 제품을 선택하는 것도 좋습니다.

④ 도징량

도징이란 포터필터에 담기는 커피가루의 양을 말합니다. 도징량이 적으면 과소 추출로 인해 신맛이 두드러지고, 많으면 과다 추출로 쓴맛이 강해질 수 있습니다. 이를 방지하려면, 원두를 그라인딩할 때 전자저울을 사용해 정확한 양을 측정하거나, 추출량을 **자동으로 조절하는 자동 그라인더를 활용해 일관된 도징을 유지**하는 것이 좋습니다. 또한, 도징 후에는 손이나 레벨링 도구를 사용해 커피가루를 고르게 펴서 추출이 균일하게 이루어지도록 해야 합니다.

⑥ 물의 압력

커피머신은 모터 펌프를 통해 높은 압력을 가하여 에스프레소를 추출합니다. 에스프레소 **추출에 필요한 압력은 9~10바(bar)로, 압력이 너무 높으면 과다 추출, 너무 낮으면 과소 추출이 발생**할 수 있습니다. 이를 방지하려면 커피머신의 압력 상태를 압력 게이지를 통해 매일 점검하는 것이 중요합니다. 압력에 문제가 발생하면 펌프를 교체하거나 AS 서비스를 통해 관리하여 추출의 일관성을 유지할 수 있습니다.

Barista's Tips

에스프레소 추출의 변수 제거를 위한 방법

카페에서는 에스프레소 추출의 변수를 최소화하기 위해 여러 가지 방법을 사용합니다. 예를 들어, 고급형 커피머신은 물 온도, 물 압력, 추출 시간을 일정하게 유지할 수 있고, 좋은 그라인더는 균일한 분쇄를 돕습니다. 또한, 자동 탬핑기를 사용하면 바리스타마다 다른 탬핑 압력을 일정하게 유지할 수 있습니다. 하지만 원두 상태, 기온 변화, 계절에 따른 차이 등으로 변수가 생길 수 있으므로, 바리스타는 추출 상태를 자주 점검해야 합니다.

당신의 에스프레소가 맛없는 이유?

동일한 원두를 사용하는 다른 매장을 방문했더니, 내가 운영하는 매장보다 커피 맛이 더 좋았다.
왜 내 커피가 다른 매장보다 맛이 떨어질까? 그 이유를 알아보자.

에스프레소, 왜 이리 맛이 다를까?

상쾌한 아침, 출근 후 에스프레소를 추출해 아메리카노를 만들어 마셨는데, 오늘따라 유독 커피가 맛없게 느껴질 때가 있습니다. "왜 그런 걸까?" 아무리 생각해 봐도 모르겠습니다. 어디서부터 체크를 해야 할지, 물어 볼 곳도 없고 초보 바리스타는 그저 막막하기만 합니다. 그럴 때 다음 사항들을 체크해 보세요.

① 커피머신의 상태

커피머신의 상태를 점검해 보세요. 그룹헤드와 포터필터는 커피 추출에 있어 매우 중요한 부분이므로, 정기적으로 청소해줘야 합니다. 또한, 커피머신 부품이 마모되거나 문제가 생기면 추출에 영향을 미칠 수 있으므로, 추출 압력, 유량, 포터필터 상태를 확인하고, 문제가 있으면 전문가에게 AS를 받는 것이 좋습니다.

CHECK 1
커피머신의 청결 상태
확인 후 청소

CHECK 2
커피머신의 상태
점검 후 AS

② 그라인딩의 상태

그라인딩된 원두의 상태를 점검해 보세요. 분쇄 시간과 속도를 확인하고, 분쇄 굵기와 양이 일정한지 살펴봅니다. 만약 분쇄 속도가 느려지거나, 분쇄 상태가 달라지거나, 불균일하게 분쇄된다면 그라인더에 문제가 있을 수 있으므로 전문가에게 AS를 받는 것이 좋습니다.

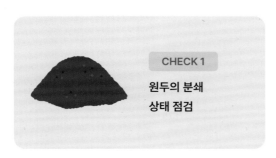

CHECK 1
원두의 분쇄
상태 점검

CHECK 2
그라인더의 상태
점검 후 AS

❸ 추출 과정의 문제

에스프레소 추출 과정에 문제가 있는지 살펴보세요. 에스프레소 머신의 세팅은 여러 가지 이유로 달라질 수 있으므로 물 온도, 추출 압력, 추출 시간 등을 다시 확인합니다. 또한, 추출 과정에서 도징량과 탬핑 압력도 점검하여 문제가 없는지 확인해 봅니다.

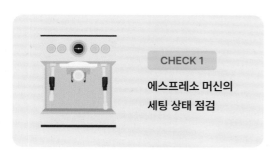

CHECK 1

에스프레소 머신의
세팅 상태 점검

CHECK 2

추출 과정에 따른
세팅 점검

❹ 원두의 상태

사용 중인 원두의 품질을 확인해 보세요. 유통기한과 로스팅 날짜를 점검하고, 소비 기간과 원두 상태를 확인합니다. 같은 날 배송받았더라도 로스팅 날짜가 다르면 맛에 차이가 있을 수 있습니다. 원두 보관 상태도 중요하므로 원두 냄새와 에스프레소 향을 확인해 보세요.

CHECK 1

원두 포장지 점검

CHECK 2

원두 보관상태 및
원두 상태 점검

❺ 물의 품질 상태

물의 품질에 따라 커피 맛이 달라질 수 있습니다. 정수물을 직접 마셔서 물 맛과 냄새를 확인하고, 금속 맛이나 염소 냄새가 나는지 점검하세요. 또한, 커피머신에 연결된 정수필터 상태를 확인하고, 교체 주기에 맞춰 필터를 교체하는 것이 중요합니다.

CHECK 1

물 맛과 냄새 확인

CHECK 2

정수필터 점검

커피 추출과 물

커피 추출에 사용되는 물은 커피의 맛과 향을 좌우하는 중요한 요소다. 물의 온도, 미네랄 함량, pH는 커피의 맛과 질감에 영향을 미치므로, 최상의 커피를 위해 적합한 물을 사용해야 한다.

에스프레소와 물의 관계

커피의 98% 이상은 물로 이루어져 있어, 물과 커피는 떼려야 뗄 수 없는 관계입니다. 에스프레소를 추출할 때 물은 용매 역할을 하여, 커피의 맛과 향을 끌어내게 됩니다. 특히 **물의 경도와 미네랄 함량은 커피의 풍미를 더해주고, pH는 커피의 산미와 균형을 맞추는 데 영향**을 줍니다. 따라서 물의 성질(경도, pH, 미네랄 함량 등)을 잘 관리하면 에스프레소의 맛과 향을 한층 더 좋게 만들 수 있습니다.

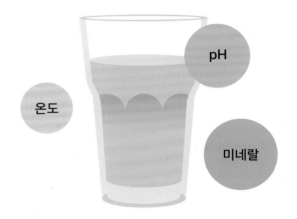

커피 추출에 사용 가능한 물의 종류

커피 추출에 사용되는 물로는 수돗물, 정수기물, 생수, 탈염수 등이 있으며, 필요에 따라 커피 추출에 적합한 물을 직접 조제해 사용하는 경우도 있습니다.

수돗물

대부분의 매장에서 사용하는 수돗물은 구하기 쉽고 비용이 저렴하지만, 염소나 불순물이 포함되어 있어 그대로 사용하면 커피 맛에 영향을 줄 수 있습니다. 따라서 수돗물을 사용하기 전에 정수필터로 걸러 사용하는 것이 좋습니다.

정수기 물

정수기 물은 불순물이 미리 제거되어 있어 바로 커피를 추출할 수 있지만, 사용된 필터의 종류에 따라 물속 미네랄 함량이 달라질 수 있습니다. 일반적으로 정수기 물은 수돗물보다 안정적인 품질을 유지하므로 커피의 맛과 향을 일관되게 유지할 수 있습니다.

생수

마트에서 판매되는 생수는 대부분 품질이 좋아 커피 추출에 적합하지만, 생수에 포함된 미네랄 성분에 따라 커피 맛이 달라질 수 있습니다. 따라서 미네랄 함량을 고려해 생수를 선택하는 것이 중요합니다. 자신이 선호하는 브랜드의 생수를 고르면, 일정한 맛의 커피를 계속해서 추출할 수 있습니다.

탈염수

물이 부족한 곳에서 사용하는 탈염수는 염분과 미네랄이 적어 커피 추출 시 간섭을 최소화하지만, 미네랄이 부족해서 커피 맛이 밋밋할 수 있습니다. pH가 중성에 가까워 산도와 균형에 영향을 줄 수 있으므로, 미네랄을 보충하거나 다른 물과 섞어 사용하면 풍미와 산도를 개선할 수 있습니다.

특수한 물

스페셜티 커피 전문점이나 일부 바리스타들은 더 맛있는 커피의 추출을 위해 물을 직접 조제하여 사용하기도 합니다. 미네랄 보충제로 미네랄 성분을 조절하거나, pH 조절제를 사용해 물의 pH를 맞추기도 합니다. 이렇게 조정된 물은 커피의 풍미를 최적으로 이끌어내는 데 도움을 줍니다.

커피 추출에 적합한 물의 조건

커피 추출에 적합한 물은 **미네랄 함량, pH, 경도, 불순물 제거 상태, 물 온도 등이 적절해야 합니다. 경도는 50~175ppm이 이상적이며, pH는 6.5~7.5 사이가 커피의 산미와 단맛 균형**을 유지하는 데 도움을 줍니다. 미네랄은 풍미를 강화하지만, 과하거나 부족하면 맛이 왜곡될 수 있습니다. 염소와 불순물은 정수필터로 제거해야 하며, 물 온도는 90~96°C를 유지해야 최적의 커피를 추출할 수 있습니다.

❶ 미네랄 함량

물에 포함된 칼슘, 마그네슘, 나트륨, 황산염과 같은 미네랄은 커피의 맛을 풍부하게 하고 균형을 맞추는 데 중요한 역할을 합니다. 특히 칼슘과 마그네슘은 원두 성분의 추출을 도와 커피를 더욱 풍미 깊고 부드럽게 만듭니다. 나트륨이 과도할 경우 짠맛을 유발해 커피의 맛을 해칠 수 있으므로 주의가 필요합니다. 적절한 미네랄 균형은 커피 맛의 복잡성과 깊이를 극대화할 수 있습니다.

0	30	100	200ml/l	
싱거운 맛		부드럽고 순한 맛	텁텁함, 날카로움 뒷맛이 남는다.	쓴맛, 짠맛, 떫은맛

❷ 수소이온농도 pH

수소이온농도(pH)는 물 속에 포함된 수소 이온(H^+)의 농도를 나타내는 값입니다. pH는 물의 산성도나 알칼리도를 측정하는 지표로, 0~14까지의 범위로 나타냅니다. 커피 추출에 적합한 물의 pH는 6.5~7.5 사이로 거의 중성에 가까우며 이 범위에서 커피가 최적의 맛을 낼 수 있습니다. 너무 산성(pH 5 이하)이나 너무 알칼리성(pH 8 이상)일 경우, 커피의 맛이 왜곡될 수 있습니다.

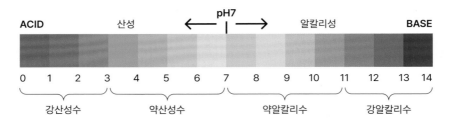

❸ 물의 경도

물의 경도는 물에 녹아 있는 칼슘(Ca^{2+})과 마그네슘(Mg^{2+}) 이온의 농도를 나타냅니다. 커피 추출에 적합한 경도는 75~150 ppm 범위로, 이 정도의 경수는 커피의 풍미를 균형 있게 이끌어냅니다. 정수필터를 사용하면 물의 경도를 조절할 수 있으며, 일부 필터는 특정 미네랄만 걸러내기도 합니다. 경도가 너무 낮을 경우, 미네랄 첨가제를 사용해 이상적인 경도를 맞출 수 있습니다.

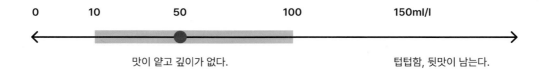

맛이 얕고 깊이가 없다.   텁텁함, 뒷맛이 남는다.

Barista's Tips

경도의 단위와 기준

경도는 ppm(백만분율)으로 측정되며, 물에 포함된 칼슘과 마그네슘의 총량을 나타냅니다. 경도가 높은 경수는 커피의 풍미를 부드럽고 깊게 하지만, 너무 높으면 쓴맛이 나고 석회질이 쌓여 커피 장비에 문제가 생길 수 있습니다. 반면, 경도가 낮은 연수는 커피의 산미를 강조하고 깔끔한 맛을 제공하지만, 과소 추출이 될 수 있습니다.

0~60 ppm	61~120 ppm	121~180 ppm	181 ppm 이상
연수	중간 정도의 연수	중간 정도의 경수	경수

커피 추출에 적합한 물의 기준표

스페셜티 커피협회(SCA)는 커피 추출에 적합한 물의 품질과 이상적인 범위를 제시하고 있습니다. 이 기준은 앞서 설명한 내용과 유사하지만, 염소가 포함된 물은 커피 추출에 적합하지 않기 때문에 염소 함량이 0mg/L인 물만 사용해야 한다는 점이 강조됩니다.

특징	목표치	수용 범위
향	잡향이 없고 깨끗하고 신선해야 한다.	
색	맑고 투명한 색이어야 한다.	
염소 함량	★ 0 mg/L	
TDS	150 mg/L	75~250 mg/L
칼슘 경도	68 mg/L	17~85 mg/L
총 알칼리도	40 mg/L	40 mg/L 내외
pH	7.0	6.5~7.5
나트륨	10 mg/L	10 mg/L 내외

커피 추출의 수치적 기준, TDS와 추출 수율

커피의 맛은 주관적이므로 품질을 객관적으로 평가하기 위해 'TDS'와 '추출 수율'이 커피의 품질을 수치로 정의할 수 있는 중요한 지표로 활용됩니다. TDS 측정기를 사용해 수치를 확인할 수 있으며, 추출 수율은 공식으로 계산할 수 있습니다. 이를 통해 일관된 커피 품질을 유지할 수 있습니다.

> **"추출 수율 = (TDS x 추출량) / 원두량"**

• **TDS(Total Dissolved Solids, 총용존 고형물)** : TDS는 추출된 커피 성분이 녹아 있는 농도를 나타내며, 에스프레소의 TDS는 일반적으로 8%~12%입니다. 이는 커피의 바디감과 질감에 영향을 미치고, 커피를 마실 때 느껴지는 무게감과 질감을 결정합니다.

• **추출 수율** : 추출 수율은 커피가루에서 얼마나 많은 성분이 추출되었는지를 나타내며, 커피 맛에 큰 영향을 줍니다. 에스프레소의 적정 추출 수율은 18%~22%로, 신맛, 단맛, 쓴맛 순으로 성분이 추출되어 맛이 달라집니다.

커피 추출의 필수, 정수필터

우리나라 대부분의 카페는 수돗물을 사용하지만, 수돗물에는 경수 성분, 염소, 불쾌한 냄새가 포함되어 커피 추출에 적합하지 않다. 이를 해결하기 위해 카페에서는 정수필터를 사용하여 물을 정수하여 사용한다.

정수필터란?

커피의 맛과 품질을 높이기 위해서는 물의 상태가 매우 중요한데, 일반 카페에서 사용하는 수돗물을 그대로 사용하면 염소와 불순물 등이 커피 추출에 방해가 될 수 있습니다. **정수필터는 물 속의 불순물과 염소를 제거하고, 활성탄을 사용해 물의 맛과 냄새를 개선**합니다. 또한, 칼슘과 마그네슘 같은 성분을 적절히 조절하여 커피의 맛을 균형 있게 만들어 주고 석회질 축적을 줄여 커피머신을 오랫동안 깨끗하게 유지할 수 있게 합니다.

깨끗한 물을 위한 정수기의 정수방식

물을 안전하고 깨끗하게 만들어 커피 추출에 적합하도록 정수하는 방법에는 물리적 방식과 화학적 방식이 있습니다.

물리적 방식

물리적 방식은 필터를 사용해 물속의 불순물을 제거하는 방법으로, 대표적으로 활성탄 필터, 미세 필터, 그리고 역삼투압 필터가 있습니다. 활성탄 필터는 물속의 염소, 불쾌한 냄새, 색상, 유기물을 제거해 물맛을 개선하고, 커피 추출 시 염소 맛을 줄이는 데 효과적입니다. 미세 필터는 0.1~1마이크로미터 크기의 미세한 입자와 세균을 제거해 물의 탁도를 개선하고 세균을 줄이는 데 유용합니다. 역삼투압 필터는 고압으로 물속의 무기물, 화학물질, 중금속 등을 제거해 깨끗한 물을 제공합니다. 다만, 물속의 미네랄도 함께 제거하기 때문에 커피 추출용으로 사용할 경우에는 별도로 미네랄을 추가하는 경우가 있습니다.

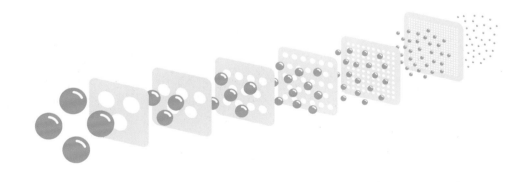

화학적 방식

화학적 방식은 화학적 과정을 통해 물속의 나쁜 물질을 제거하거나 변형시켜 커피 맛의 일관성을 유지하고 커피머신의 수명을 늘리는 역할을 합니다. 이온 교환은 물속의 경도를 높이는 칼슘과 마그네슘 이온을 나트륨 이온으로 교환해 연수로 바꾸는 방법으로, 경도가 높은 물이 커피머신에 부식을 일으키거나 스케일 축적을 유발하는 것을 방지합니다. 자동 탈이온화는 자동 이온 교환 시스템을 통해 물속의 양이온과 음이온을 제거하여 순수한 물을 만드는 방식으로, 이를 통해 물의 미네랄 농도를 조정하여 커피의 맛을 개선하고 추출 품질을 높일 수 있습니다.

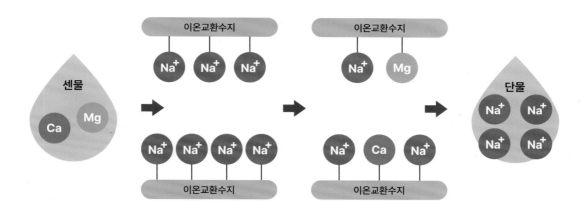

우리나라 카페에서 주로 사용하는 카본 필터

우리나라 카페에서는 주로 카본 필터를 사용합니다. **국내 상수도 환경이 비교적 우수하기 때문에, 복잡한 정수 시스템 없이도 카본 필터만으로 충분히 물의 품질을 관리할 수 있습니다.** 카본 필터는 활성탄을 이용한 물리적 정수 방식으로, 물속의 염소, 냄새, 불순물 등을 효과적으로 제거하는 데 뛰어난 성능을 발휘합니다. 카본 필터는 시간이 지남에 따라 흡수된 불순물로 인해 정수 효율이 떨어지므로, 주기적인 교체가 필요합니다. 필터의 교체 주기는 사용량에 따라 다르지만, 일반적으로 6~12개월마다 교체하는 것이 권장됩니다. 국내에서 많이 사용되는 필터 브랜드로는 에버퓨어, 퓨어웰, 플럭스, 파라곤 등이 있습니다.

정수필터의 종류와 역할

정수필터의 종류에는 여과 필터, 정수필터, 스케일 억제제가 있습니다. 원래는 이 세 가지 필터를 모두 설치해야 하지만, 최근에는 깨끗한 수돗물을 사용하는 매장이 늘어나고 필터의 성능도 향상되면서, 다양한 기능을 하나로 결합한 복합 정수필터 한 가지만 사용하는 경우가 많아지고 있습니다.

① 여과 필터

물속의 부유물이나 일반적인 세균을 제거하는 거름망 역할을 하는 필터입니다. **물탱크에서 급수하거나 지하수를 사용하는 경우에는 여과 필터를 반드시 사용**해야 합니다. 처음 설치 시 흰색을 띠지만, 시간이 지나며 여과한 물의 양에 따라 점차 고동색으로 변합니다. 투명 케이스에 담겨 있어 필터의 색 변화를 통해 교체 시기를 알 수 있습니다.

② 정수필터

미세한 활성탄소의 흡착 작용을 이용한 필터로 물의 불필요한 맛과 냄새를 제거하는 역할을 합니다. 여과 필터 없이 정수필터만 설치하면, 수돗물에 포함된 이물질이 정수필터로 바로 유입되어 탄소 입자에 쌓이고 정수 능력이 빠르게 저하될 수 있습니다. 따라서 **여과 필터와 함께 사용하는 것이 정수 효과를 높이는 데 더 효과적**입니다.

③ 스케일 억제제

커피머신처럼 물을 가열하는 기계에서는 물 속에 포함된 석회질 성분이 열에 의해 스케일(석회 찌꺼기) 형태로 기계 내부에 축적됩니다. 스케일 생성을 줄이기 위해 억제제를 사용할 수 있지만, 이를 완전히 방지하기는 어렵습니다. 따라서 스케일 억제 기능이 포함된 정수기를 사용하여 스케일 생성을 최소화하는 것이 좋습니다.

정수기와 연수기

정수기는 물속의 세균, 불순물, 염소 등을 제거하여 깨끗하고 안전한 음용수로 만들어주어 커피나 차의 맛을 개선하는 데 사용됩니다. 반면, 연수기는 물속의 칼슘과 마그네슘 이온을 제거해 경수를 연수로 바꾸어, 커피머신과 같은 장비에 스케일 축적을 방지하고 효율을 유지하는 데 활용됩니다. 정수기는 물의 오염물 제거가 필요할 때, 연수기는 경도가 높은 물을 사용할 때 적합합니다. 두 장치는 각각 목적에 따라 적절히 선택하여 사용해야 합니다.

	정수기	연수기
목적	물속의 불순물, 염소, 중금속, 세균 등을 제거하여 안전하고 깨끗한 음용수를 제공합니다.	칼슘과 마그네슘을 제거해 물의 경도를 낮추고 스케일 축적을 방지합니다.
정화 방식	활성탄, 세라믹, 멤브레인 필터를 사용해 물속의 불순물을 제거하고 맛, 냄새를 개선합니다.	이온 교환 방식으로 칼슘과 마그네슘을 나트륨으로 교환해 경도를 낮추고 석회질 축적을 줄여 줍니다.
필터 종류	활성탄, 세라믹, UF, RO 필터 등 다양한 필터가 사용되며, 각각 물속의 불순물을 제거하는 역할을 합니다.	이온 교환 수지 필터를 사용하며 칼슘과 마그네슘을 나트륨이나 칼륨으로 교환하여 연수를 만듭니다.
사용처	가정, 사무실, 카페 등에서 음용수나 요리용 물을 정화하기 위해 사용합니다.	카페, 호텔, 레스토랑, 공장 등에서 보일러, 커피머신 등의 기계 장비를 보호하기 위해 사용합니다.

Barista's Tips

스케일이 커피머신에 미치는 영향

커피머신이나 온수기(핫 워터 디스펜서)는 물을 가열할 때 물속에 포함된 석회질이 기계 내부에 쌓여 문제가 생길 수 있습니다. 이를 예방하려면 스케일을 줄여주는 정수기나 연수기를 사용하고, 기계를 자주 세척하며 관리하는 것이 중요합니다.

• 유지 보수 비용 증가
스케일 제거를 위한 세척 및 부품 교체로 인해 추가적인 유지 보수 비용이 발생합니다.

• 고장의 주요 원인
스케일이 밸브, 펌프, 관 등을 막으면 부품 손상이나 고장을 유발합니다.

• 커피 맛에 영향
스케일로 인해 물의 품질이 낮아지고 커피 맛이 변질될 수 있습니다.

• 기계 성능의 저하
물의 흐름을 방해하고 압력 조절에 영향을 미쳐 커피 추출의 일관성이 떨어질 수 있습니다.

• 에너지 효율 감소
스케일이 히터나 보일러 표면에 쌓이면 열전달이 비효율적으로 이루어져 더 많은 에너지가 소비됩니다.

Chapter 05

에스프레소를 활용한 다양한 음료 만들기

커피 음료의 기본인 에스프레소는 맛있고 일관성 있게 추출 되는 것이 중요합니다. 추출된 에스프레소는 우유, 생크림, 시럽, 소스 등을 활용해 다양한 커피 음료를 만드는 기반이 됩니다. 이번 Chapter에서는 에스프레소를 활용한 음료 레시피와 함께 각 음료에 어울리는 커피잔 선택법, 그리고 테이크아웃 잔을 고르는 방법에 대해 알아보겠습니다.

에스프레소의 종류

에스프레소는 카페 커피음료의 기본이 되며, 추출 시간과 물의 양에 따라
리스트레토, 에스프레소, 룽고로 구분되며 각기 다른 맛을 제공한다.

리스트레토

 추출시간 15~20초

 추출량 15~20ml

에스프레소와 같은 양의 원두를 사용하지만, 물의 양을 절반 정도로 줄여 짧은 시간 동안 추출합니다. 이로 인해 커피가 더 진하고 강렬한 풍미를 가지며, 단맛과 깊은 맛이 더욱 강조됩니다.

에스프레소

 추출시간 25~30초

 추출량 30~45ml

가장 기본적인 에스프레소 추출 방법으로 투샷 기준, 18~20g의 원두를 사용해 25~30초 동안 30~45ml를 추출합니다. 커피는 진하고 농도가 짙으며, 커피 본연의 맛과 향이 잘 강조됩니다.

룽고

 추출시간 35~45초

 추출량 45~60ml

에스프레소와 같은 양의 원두를 사용하지만, 물의 양을 더 많이 사용하고 추출 시간을 길게 합니다. 물이 많아지면서 상대적으로 맛이 덜 진해지며, 더 부드럽고 깔끔한 맛을 느낄 수 있습니다.

이 책에서 소개하는 음료 레시피는?

이 책에서 소개하는 커피 음료 레시피는 **사용하는 원두의 종류, 로스팅 정도, 에스프레소의 추출량, 사용하는 컵의 크기 등에 따라 달라지기 때문에 정확한 용량을 표기하지 않습니다.** 정확한 용량 레시피는 매장에서 추출된 에스프레소의 맛을 기준으로, 첨가되는 물과 우유 등의 비율과 양을 조절하면 됩니다.

TIP

에스프레소 음료 레시피

에스프레소를 희석하지 않고 다양한 첨가물을 가미해 만든 음료다.
최근 유행하는 에스프레소 바에서 주로 판매된다.

에스프레소 콘파냐

"에스프레소 위에 크림"이라는 뜻으로, 진한 에스프레소 위에 부드러운 휘핑크림을 얹어 만든 음료입니다.

 제조 방법

1. 에스프레소를 1샷 추출한다.
2. 추출한 에스프레소를 잔에 담는다.
3. 휘핑크림을 부드럽게 얹어 에스프레소 위에 올린다.
4. 기호에 따라 코코아 가루나 시나몬 가루를 살짝 뿌려 장식한다.

에스프레소 마키아토

"얼룩진 에스프레소"라는 뜻으로, 진한 에스프레소 위에 소량의 스팀밀크나 우유 거품을 얹어 만든 음료입니다.

 제조 방법

1. 에스프레소를 1샷 추출하고, 소량의 우유로 스팀밀크를 만든다.
2. 잔에 에스프레소를 담고 스팀밀크나 우유 거품을 소량 올린다.
3. 스팀밀크는 에스프레소 표면을 살짝 덮을 정도로만 넣어준다.
4. 기호에 따라 코코아 가루나 시나몬 가루를 뿌려 장식한다.

에스프레소 도피오는 "더블 에스프레소"를 의미하며,
투 샷의 에스프레소를 한 잔에 담아 제공하죠. 일반 에스프레소보다
양이 많아 강한 카페인과 깊은 풍미를 느낄 수 있어요.

에스프레소 로마노

에스프레소에 레몬을 곁들인 커피 음료로 에스프레소의 쌉쌀한 맛과 레몬의 상큼한 풍미가 어우러지는 것이 특징입니다. 기호에 따라 설탕을 추가해 마시기도 합니다.

 제조 방법

1. 에스프레소를 1샷 추출한다.
2. 얇게 슬라이스 한 레몬을 준비한다.
3. 에스프레소 잔에 레몬 조각을 넣거나 레몬 껍질로 향을 더한다.
4. 기호에 따라 설탕을 소량 추가해 맛을 조절한다.

에스프레소 스트라파짜토

이탈리아어로 "휘저어 섞다"는 뜻으로, 커피에 설탕과 코코아를 넣고 빠르게 저어 부드럽고 풍부한 맛을 만들어내는 과정에서 유래된 이름입니다.

 제조 방법

1. 에스프레소를 추출한 뒤 설탕과 코코아 파우더를 추가한다.
2. 빠르게 저어 부드럽고 풍부한 맛을 낸다.
3. 준비된 에스프레소를 잔에 담는다.
4. 잔 가장자리를 코코아 가루로 장식해 마무리한다.

에스프레소 코르타도

스페인어로 "자르다"라는 뜻으로, 에스프레소의 강렬한 맛을 우유로 부드럽게 만든다는 의미를 담고 있습니다. 에스프레소와 우유가 완벽한 조화를 이루는 것이 특징입니다.

 제조 방법

1. 에스프레소 1샷을 추출한다.
2. 피처로 우유를 따뜻하게 데운다.
3. 에스프레소에 우유를 1:1 비율로 천천히 부어준다.
4. 작은 잔에 담아 바로 제공한다.

에스프레소가 베이스인 음료 레시피

카페에서 가장 많이 판매되고 있는 에스프레소를 베이스로 활용한 커피 음료다.
가장 기본적인 레시피이며 차별화를 위해 토핑, 크림, 우유 등을 달리하여 제공하기도 한다.

아메리카노

에스프레소를 물로 희석한 커피로 에스프레소의 진한 풍미를 유지하면서 부
드럽고 마일드한 맛을 제공합니다. 2차 세계 대전 중 이탈리아에 주둔한 미
군이 에스프레소를 물에 희석해 마신 데서 유래한 것으로 알려져 있습니다.

 제조 방법

① 1샷 또는 2샷의 에스프레소를 추출한다.
② 에스프레소에 뜨거운 물을 추가한다.
③ 물의 양은 개인의 선호도에 따라 조절한다.

★ 아이스 아메리카노는 차가운 물과
　얼음을 넣어 제공한다.

카페라떼

에스프레소에 스팀밀크를 넣어 만든 부드럽고 크리미한 커피 음료입니다.
"라떼"는 이탈리아어로 "우유"를 의미합니다. 에스프레소와 스팀밀크의 비
율은 약 1:4로, 우유를 많이 사용합니다.

 제조 방법

① 1샷 또는 2샷의 에스프레소를 추출한다.
② 피처에 우유를 넣고 스팀을 사용하여 우유를 60~65℃ 정도로
　데우고 거품을 만든다.
③ 에스프레소를 잔에 붓고, 스팀밀크를 천천히 부어준다.

★ 아이스 카페라떼는 차가운 우유와
　얼음을 넣어준다.

바닐라 라떼

카페라떼에 바닐라 시럽이 추가된 커피 음료로, 바닐라의 향긋함과 우유, 에스프레소가 조화를 이루는 음료입니다. 시럽의 양을 조절하여 달콤함의 강도를 취향에 맞게 조절할 수 있습니다.

 제조 방법

① 1샷 또는 2샷의 에스프레소를 추출한다.
② 컵에 바닐라 시럽을 1~2펌프 넣는다.
③ 스팀으로 부드러운 우유를 만든 후, 에스프레소와 바닐라 시럽이 있는 컵에 부어준다.

⭐ 바닐라 향을 더욱 강하게 만들기 위해 휘핑크림을 올리거나 바닐라 가루를 뿌릴 수도 있다.

카라멜 마키아토

달콤한 캐러멜 시럽과 우유, 에스프레소가 조화를 이루는 커피 음료입니다. "마키아토"는 이탈리아어로 "얼룩진"을 뜻하며 에스프레소와 우유 거품이 섞이지 않고 층을 이루는 것이 특징입니다.

제조 방법

① 커피잔에 캐러멜 시럽을 넣는다.
② 스팀밀크를 준비하고, 에스프레소를 추출한다.
③ 캐러멜 시럽이 있는 컵에 스팀밀크를 부은 후, 에스프레소를 천천히 부어 층을 만든다.
④ 기호에 따라 휘핑 크림과 캐러멜 소스를 올린다.

⭐ 아이스 카라멜 마키아토는 유리컵에 캐러멜 소스, 얼음, 우유를 넣고 그 위에 에스프레소를 추가한다.

카페모카

초콜릿, 에스프레소, 우유가 어우러진 커피 음료로, 초콜릿의 부드러운 단맛과 에스프레소의 깊은 풍미가 조화를 이루어 일반적인 커피보다 더욱 부드럽고 달콤합니다.

제조 방법

① 초콜릿 시럽이나 코코아 가루를 컵에 넣는다.
② 에스프레소를 추출한 후 컵에 넣고 초콜릿과 잘 섞는다.
③ 스티밍한 우유를 천천히 부어준다.
④ 기호에 따라 휘핑크림과 초콜릿 소스나 코코아 가루를 올려 마무리한다.

카푸치노

이탈리아에서 유래한 커피 음료로 스팀밀크와 우유 거품이 일대일의 비율로 어우러져 진한 커피 맛과 부드러운 밀크 거품이 매력적인 커피입니다.

 제조 방법

① 에스프레소를 1샷 또는 2샷 추출한다.
② 우유를 스티밍하여 풍부한 우유 거품을 만든다.
③ 에스프레소 샷을 잔에 담고, 스팀밀크를 천천히 부어준다.
④ 우유 거품을 두껍게 올리고, 시나몬 가루를 살짝 뿌린다.

⭐ 기호에 따라 코코아 가루를 뿌리기도 한다.

플랫 화이트

호주와 뉴질랜드에서 유래한 커피 음료로, 에스프레소에 소량의 스팀밀크가 더해져 부드러운 맛을 자랑합니다. 라떼보다 우유 거품이 적어 커피의 진한 풍미가 더 두드러집니다.

 제조 방법

① 에스프레소를 1샷 또는 2샷 추출한다.
② 우유를 따뜻하게 스티밍하고, 거품을 적게 만든다.
③ 에스프레소 잔에 스팀밀크를 천천히 부어준다.
④ 에스프레소와 우유가 자연스럽게 섞이도록 얇은 거품층을 형성하게 한다.

아포가토

이탈리아어로 "빠지다"는 뜻을 가진 디저트 음료로, 아이스크림 위에 뜨거운 에스프레소를 부어 즐깁니다. 커피의 쌉쌀한 맛과 아이스크림의 달콤함이 어우러져 풍부하고 조화로운 맛을 선사합니다.

 제조 방법

① 바닐라 아이스크림이나 젤라또 1~2스쿱을 담는다.
② 에스프레소 1~2샷을 추출한다.
③ 아이스크림 위에 에스프레소를 천천히 부어준다.
④ 기호에 따라 초콜릿 시럽, 캐러멜 소스, 다진 견과류 등을 뿌려 먹는다.

커피에 맛과 향을 더하는 시럽

시럽과 소스는 에스프레소에 첨가하여 커피 음료의 다양성을 높이고, 맛과 풍미를 풍부하게 해주는 중요한 재료이다. 이를 활용하면 커피에 새로운 매력을 더할 수 있다.

커피의 맛과 풍미를 더하는 비밀, 시럽과 소스

카페에서 인기 있는 메뉴인 바닐라 라떼, 카라멜 라떼, 헤이즐넛 라떼, 카페 모카 등은 에스프레소에 시럽이나 소스를 첨가해 만듭니다. **시럽과 소스는 커피의 맛과 풍미를 더해 다양한 음료를 만드는 데 중요한 역할**을 합니다. 시럽이나 소스를 직접 만들어 사용할 수 있지만, 번거로움과 맛의 일관성 유지가 어려워 대부분 시판용 제품을 사용하고 있습니다. 시판용 시럽과 소스는 제조사마다 맛, 향, 가격이 다르기 때문에, 샘플 테스팅을 통해 매장에서 사용하는 원두와 가장 잘 어울리는 제품을 선택해야 합니다.

시럽

시럽은 설탕, 물, 향료로 만들어진 비교적 묽은 형태의 액체로, 음료에 쉽게 섞여 단맛과 풍미를 더해주는 역할을 합니다. 커피 음료, 차, 에이드 등 다양한 음료에 활용되며, 바닐라, 헤이즐넛, 캐러멜, 초코, 과일 시럽 등 여러 종류가 있습니다. 대표적인 브랜드로는 1883, 모닌, 포모나, 다빈치, 토라니 등이 있습니다.

가루 형태의 또 다른 시럽, 파우더

Barista's Tips

파우더는 시럽이나 소스처럼 음료의 맛과 풍미를 강화하거나 토핑이나 베이스 재료로도 다양하게 활용되는 재료입니다. 건조된 가루 형태로 제공되기 때문에 보관이 편리하고 유통기한이 길지만, 뭉침 현상이 발생할 수 있어 잘 녹여 사용해야 합니다. 과도하게 사용할 경우 음료가 텁텁해질 수 있으니 적정량을 사용하는 것이 중요합니다.

소스

소스는 걸쭉하고 점도가 높은 액체로, 라떼 음료의 베이스나 토핑, 장식에 주로 사용됩니다. 풍부한 질감과 강한 맛으로 아이스크림이나 케이크 같은 디저트에도 자주 활용되고, 점성이 높아 디저트 위에 독특한 시각적 효과를 더하는 데도 효과적입니다. 초콜릿 소스와 캐러멜 소스는 특히 많이 사용되며, 단맛에 고소함과 쌉싸름한 풍미가 더해져 다양한 메뉴에 활용할 수 있습니다. 대표적인 브랜드로는 기라델리, 다빈치, 포모나, 토라니 등이 있습니다.

정량 사용을 가능하게 해주는 펌프

음료를 만들 때 시럽이나 소스를 정확하게 계량할 수 있는 펌프는 음료의 맛과 품질을 일정하게 유지하는 데 도움을 줍니다. 시럽과 소스는 점도가 다르기 때문에 각각 다른 펌프를 사용해야 하며, 펌핑할 때 배출되는 양도 다릅니다. 시럽은 한 번 펌핑 시 약 5ml가 나오고, 소스는 약 10~15ml가 나옵니다. 카페에서는 레시피에 맞는 정확한 양을 사용하여 과도하게 넣지 않도록 주의해야 합니다.

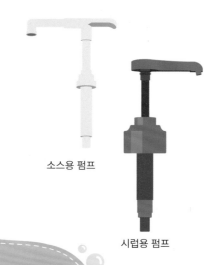

소스용 펌프

시럽용 펌프

펌프는 세균과 곰팡이가 생기기 쉬운 환경이므로 정기적인 세척이 필요해요. 이를 통해 맛을 유지하고 펌프의 수명을 연장할 수 있어요.

매장에서 사용할 커피잔 고르기

에스프레소가 잘 추출되었더라도, 커피잔 선택이 적절하지 않으면 커피의 맛과 향을 제대로 즐길 수 없다.
커피잔의 크기, 모양, 두께는 커피의 맛과 향에 중요한 영향을 미친다.

커피잔을 선택하는 방법

커피잔을 선택할 때는 **손님과 운영자의 관점을 모두 고려**해야 합니다. 손님들은 디자인, 사용 편의성, 온도 유지, 크기와 용량을 중요하게 생각하며, 카페 분위기와 어울리는 잔을 선호합니다. 도자기처럼 열 보존이 좋은 재질과 메뉴별로 적절한 용량의 잔을 사용하면 고객 만족도를 높일 수 있습니다. 운영자는 **내구성이 뛰어나고 세척이 쉬운 잔을 선택해 효율성을 높이는 것이 중요합니다.** 같은 디자인의 잔을 추가 구매할 수 있는 브랜드와 합리적인 가격대의 잔을 선택해 유지 비용을 절감하는 것도 고려해야 합니다. 또한, 로고를 활용해 브랜드 이미지를 강화하고, 메뉴에 어울리는 특별한 잔을 준비하면 고객 만족과 운영 효율을 동시에 높일 수 있습니다.

❶ 너무 큰 잔이나 너무 작은 잔 피하기

카페에서 사용하는 커피잔은 너무 크거나 작지 않게 적정한 크기로 선택해야 합니다. 크기가 너무 크거나 작으면 맛의 균형이 깨질 수 있습니다. 큰 잔은 에스프레소가 희석되어 음료의 맛이 옅어지고, 작은 잔은 커피의 풍미가 지나치게 강하게 느껴질 수 있습니다. 또한, 고객이 기대하는 음료의 양과 실제 제공되는 양이 달라지면 불만을 초래할 수 있으며, 각 음료에 적합한 잔 크기를 선택하지 않으면 메뉴의 완성도와 고객 만족도가 떨어질 수 있습니다. 따라서, 잔의 크기는 음료의 맛과 비주얼, 고객의 기대를 모두 고려하여 결정해야 합니다.

작은 잔   적당한 잔   큰 잔

커피는 개인의 취향이 크게
반영되기 때문에, 카페 사장님은
자신만의 확고한 레시피로 매장의 개성을
돋보이게 해야 해요.

❷ 로스팅 정도에 따라 커피잔 선택하기

원두의 로스팅 정도에 따라 적절한 잔 크기를 선택해야 합니다. 강배전으로 로스팅한 커피는 바디감과 농도가 높아 10~12oz 커피잔에 적합하며, 최대 16oz까지 사용할 수 있습니다. 반면, 약배전이나 중배전으로 로스팅한 커피는 향은 뛰어나지만 바디감이나 농도가 상대적으로 낮습니다. 약중배전 커피에는 8~10oz 잔이 적당하며, 16oz 잔을 사용하면 커피보다는 물맛이 더 강하게 느껴질 수 있습니다.

강배전 원두   10oz   12oz   최대 16oz   약배전 원두   8oz   10oz

❸ 아메리카노 잔과 라떼 잔 구분해서 사용하기

아메리카노는 에스프레소를 물에, 라떼는 우유에 희석한 음료로, 각 음료의 농도에 맞는 컵을 사용하는 것이 중요합니다. 물은 에스프레소를 희석하는 데 더 유연하기 때문에 아메리카노가 라떼보다 더 큰 잔을 사용합니다. 테이크아웃 컵에서는 두 음료의 잔을 구분하기 어렵지만, 매장에서는 아메리카노와 라떼 전용 잔을 구분해 사용하면 음료의 비율을 유지하고 고객 만족도도 높일 수 있습니다.

아메리카노 잔   라떼 잔

❹ 테이크아웃 컵과 용량 맞추기

매장에서 마신 커피와 테이크아웃 커피의 맛이 다르면 고객이 실망할 수 있기 때문에, 커피 맛의 일관성을 유지하는 것이 중요합니다. 이를 위해 매장용 컵과 테이크아웃 컵의 용량을 맞추는 것이 필요합니다. 예를 들어, 매장에서 8oz 컵을 사용하고 테이크아웃 컵이 12oz라면, 물이 더 많이 들어가 커피 맛이 연해질 수 있습니다. 컵의 용량을 맞추면 커피 맛의 균형을 유지할 수 있어 고객 만족도가 높아집니다.

매장용 컵   테이크아웃용 컵

온라인에서 커피잔을 구입할 때는 잔의 용량, 지름, 높이 등 세부 정보를 꼭 확인한 후 구입해야 재구매의 번거로움을 피할 수 있어요.

모양과 용량에 따라 다른 커피잔

커피잔을 선택할 때 고려해야 할 중요한 요소는 컵의 두께, 모양, 용량이다.
잔의 두께와 모양은 커피의 풍미와 경험에 영향을 미치므로 신중히 선택해야 한다.

두께에 따라 커피잔 선택하기

커피의 온도는 맛에 중요한 영향을 미칩니다. 그래서 커피잔을 선택할 때 너무 얇은 잔보다는 적당히 두꺼운 잔을 고르는 것이 좋습니다. 두꺼운 잔은 커피의 맛과 향을 오랫동안 유지할 수 있지만, 너무 두꺼우면 무겁기 때문에 적당한 두께를 골라야 합니다.

가장자리가 얇은 커피잔   가장자리가 두꺼운 커피잔

모양과 용량에 따라 커피잔 선택하기

카페에서는 에스프레소 잔, 라떼 잔, 머그컵, 글래스 컵은 기본으로 갖추어야 합니다. 에스프레소 잔은 에스프레소 전문점이 아닌 이상 도피오잔을 별도로 준비할 필요는 없으며, 라떼 잔은 우유가 들어가는 대부분의 음료와 블랙 티 등에 사용하면 됩니다. 카페라떼와 카푸치노가 시그니처인 경우, 이를 구분하여 사용하는 것이 좋습니다. 머그컵은 아메리카노와 티백을 활용한 티 음료 등에 범용적으로 사용되며, 글래스 컵은 아이스 음료에 적합합니다. 또, 커피 아이스 음료와 슬러시, 에이드 등을 각각 다른 유리잔에 구분하여 사용하기도 합니다.

에스프레소 잔   라떼 잔   머그컵   글래스 컵

❶ 에스프레소 잔
2~3oz의 용량의 작은 잔으로 작고 벽이 두꺼워 에스프레소의 풍미를 오래 유지할 수 있습니다.

❷ 라떼 잔
넓고 얕은 형태로 라떼아트를 잘 표현할 수 있도록 입구가 넓은 잔을 사용합니다.

❸ 머그컵
아메리카노, 드립 커피 등 다양한 음료를 편하게 즐기며, 뜨거운 음료도 손잡이로 안전하게 잡을 수 있습니다.

❹ 글래스 컵
아이스 음료를 담을 때 주로 사용하며 미적 효과가 강조된 투명한 유리컵으로 다양한 형태와 용량이 있습니다.

커피잔의 종류와 사용되는 음료

특별함을 주기 위해 시그니처 잔을 사용하는 카페도 있지만, 대부분의 커피잔은 아래 표의 범위를 벗어나지 않습니다. 아래 표는 일반적인 내용을 기준으로 하며, 매장에서 만드는 커피 음료의 농도, 종류, 용량, 모양 등에 따라 잔의 크기와 용량은 유동적으로 조정될 수 있습니다.

	에스프레소 잔	에스프레소 도피오잔	카푸치노 잔
모양			
용량	60 ~ 80ml	80 ~ 100ml	150 ~ 240ml
사용	에스프레소, 에스프레소 리스트레토	에스프레소 도피오, 에스프레소 마키아토, 터키 커피 등	카푸치노, 필터 커피 등
특징	작은 크기의 잔으로 진한 에스프레소 맛을 보전하고 뜨거운 상태를 유지하는데 적합하다.	에스프레소 두 잔이 들어가며, 일반 에스프레소 잔보다 더 길다.	잔의 넓이가 넓어 풍성한 우유 거품을 잘 유지하는데 적당하다.
	머그 잔	드립커피 잔	카페라떼 잔
모양			
용량	300 ~ 450ml	200 ~ 240ml	240 ~ 300ml
사용	필터 커피, 블랙티, 핫초코 라떼 아메리카노 등	블랙티, 필터 커피	카페라떼, 블랙티, 플랫 화이트
특징	물이 많이 들어가는 아메리카노에 적당하다. 잔의 크기가 커서 물과 커피의 비율을 적절하게 유지할 수 있다.	따뜻한 드립커피나 일반 커피를 담기에 적당하다. 일반적으로 가장 많이 사용하는 잔이다.	에스프레소와 많은 양의 스팀 우유를 담는데 적당하다.

테이크아웃 컵 선택하기

테이크아웃 전문 매장이 늘어나면서 테이크아웃 컵의 크기, 모양, 재질 등이 다양해졌지만,
무엇보다 중요한 점은 용량을 고려하여 선택하는 것이다.

재질에 따라 테이크아웃 컵 선택하기

우리나라에서 커피 포장에 사용되는 테이크아웃 컵은 따뜻한 음료용 종이컵과 아이스 음료용 플라스틱 컵으로 나뉩니다. 종이컵은 내부에 필름 코팅이 되어 있어 음료가 물에 젖지 않습니다. 요즘은 아이스 음료도 종이 컵에 담는 경우가 있어 3중으로 코팅된 종이컵을 사용하기도 합니다. 카페 매장에서 가장 많이 사용되는 컵 사이즈는 8~16oz(온스)로, 경우에 따라 더 큰 컵을 사용하기도 합니다.

따뜻한 음료를 담는 종이컵

가장 많이 사용되는 종이컵 사이즈는 10oz와 13oz입니다. 음료의 크기를 다양하게 제공하는 매장에서는 이 두 사이즈를 스몰 사이즈와 레귤러 사이즈로 구분하여 사용하기도 합니다. 더 큰 사이즈를 판매할 경우에는 16oz를 추가로 사용하기도 합니다. 10oz, 13oz, 16oz를 주로 사용하는 이유는 대중적인 커피 음료의 레시피가 이 사이즈에 맞춰져 있는 경우가 많고, 동일한 지름의 컵을 사용하면 같은 뚜껑을 쓸 수 있어 운영 관리 비용을 절감할 수 있기 때문입니다.

종이컵	8oz	★ 10oz	12oz	★ 13oz	★ 16oz	16oz	20oz	22oz
지름(ø)	80	85	90	85	85	90	90	90
높이(mm)	95	100	110	115	140	135	160	170
용량(ml)	240	300	360	390	480	480	600	660

종이컵을 여러 사이즈로 구입할 때는
반드시 컵의 지름을 확인해야 해요.

찬 음료를 담는 플라스틱 컵 PET컵

플라스틱 컵은 재질에 따라 PS컵과 PET컵으로 나뉩니다. PS컵은 단단하지만 충격에 약하고 약간 불투명하며, 아이스 음료를 담으면 금이 갈 수 있어 주로 디저트를 담는 용도로 사용됩니다. 반면, PET컵은 플라스틱 콜라병과 같은 재질로, 내구성이 좋고 충격에 강해 음료를 깨끗하고 투명하게 담을 수 있어 많이 사용됩니다. PET컵은 뜨거운 음료에는 적합하지 않아 주로 **아이스 음료에 사용되며, 14oz(톨 사이즈), 16oz(그란데 사이즈)가 주로 사용**됩니다. 더 큰 사이즈가 필요한 경우에는 20oz를 사용합니다.

PET 컵	12oz	★ 14oz	14oz	★ 16oz	16oz	★ 20oz	20oz	22oz	24oz	32oz
지름(∅)	92	92	98	92	98	92	98	92	98	107
높이(mm)	100	107	100	133	120	150	140	155	150	170
용량(ml)	360	420	420	480	480	600	600	660	720	960

종이컵과 플라스틱 컵은 제조사에 따라 지름과 용량 등의 차이가 있을 수 있습니다.

oz와 ml의 차이와 계산법

음료의 용량을 표기할 때 가장 많이 사용하는 단위는 oz(온스)와 ml(밀리리터)입니다. 1oz는 28.3495ml에 해당하지만, 딱 떨어지지 않아 계산이 복잡해지므로 보통 30ml로 반올림하여 간편하게 계산합니다. 온스 단위는 대형 프랜차이즈에서 처음 사용되기 시작했으며, 정확한 용량을 수치화한 개념이라기 보다는 컵에 담기는 음료의 양을 대략적으로 표기하는 용도로 사용되었습니다.

온스	정확환 환산	개념적 환산	온스	정확환 환산	개념적 환산
1oz	28.3495ml	30ml	8oz	226.796ml	240ml
10oz	283.495ml	300ml	13oz	368.543ml	390ml

테이크아웃 컵 뚜껑 선택하기

테이크아웃 컵의 뚜껑은 크게 종이컵용과 플라스틱 컵용으로 나뉘며, 모양과 디자인에 따라 차이가 있다.
컵 뚜껑을 구입할 때는 반드시 컵의 지름을 확인하여 꼭 맞는 뚜껑을 선택하는 것이 중요하다.

테이크아웃 컵 뚜껑

테이크아웃 컵 뚜껑의 가장 중요한 용도는 **음료가 흘러 넘치는 것을 방지하고, 이동 중에도 넘침 없이 안전하게 음료를 마실 수 있도록 도와주는 역할**입니다. 뜨거운 음료에 사용되는 뚜껑은 커피의 온도를 오랫동안 유지하고, 커피의 향을 보호하는 역할을 합니다. 또한, 리드(입에 닿는 부분)의 디자인에 따라 편리함과 함께 환경과 위생을 고려할 수 있습니다. 아이스 음료의 뚜껑은 음료가 쏟아지지 않고 마실 때 흘리지 않도록 합니다.

컵 뚜껑의 디자인의 종류

컵 뚜껑은 크게 일반 개폐형과 돔형으로 나뉩니다. 일반 개폐형은 종이컵과 플라스틱(PET) 컵 모두에 사용될 수 있지만, 돔형은 주로 아이스 음료를 위한 플라스틱 컵에만 사용됩니다. 돔형 뚜껑은 얼음이 들어가거나 휘핑크림 등 음료에 장식을 추가할 때, 음료를 더욱 풍성하게 보이게 할 수 있습니다.

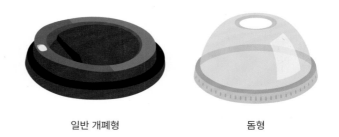

일반 개폐형   돔형

개폐형 뚜껑의 리드 디자인

환경 보호 문제와 비용 절감 이유로 스트로 사용을 줄이는 추세에 따라, 일반 개폐형 뚜껑의 입술이 닿는 리드 부분에 다양한 디자인이 도입되고 있습니다. 이러한 디자인은 따뜻한 음료뿐만 아니라 아이스 음료에서도 편리하게 사용될 수 있습니다. 리드 디자인은 매장의 차별화를 제공하며, 환경적인 요소를 고려할 수 있기 때문에 리드 부분이 변형된 뚜껑을 사용하는 것도 좋은 방법입니다.

다양한 형태의 리드 디자인

뚜껑 호환하여 사용하기

다양한 크기의 종이컵을 사용하는 매장이라면 컵의 크기에 따라 뚜껑을 별도로 구입해야 하므로 보관과 비용 면에서 여러 가지 번거로움이 발생할 수 있습니다. 이러한 번거로움을 줄이기 위해 대부분의 테이크아웃 컵 제조사들은 **컵의 지름을 크게 두 가지로 통일하여 제작하며, 이를 기준으로 뚜껑을 선택**하면 됩니다. 예를 들어, 10oz와 13oz는 같은 뚜껑을 사용할 수 있고, 12oz, 16oz, 20oz 역시 동일한 뚜껑을 사용할 수 있습니다. 호환되는 컵 뚜껑의 사이즈는 뚜껑 윗면에 인쇄된 숫자를 통해 쉽게 확인할 수 있습니다.

10oz/13oz 호환 뚜껑

12oz/16oz 호환 뚜껑

Barista's Tips

컵과 뚜껑은 같은 곳에서 구매해야 해요

컵이 남아 뚜껑만 별도로 구입하려는 경우가 종종 있습니다. 남은 수량이 많지 않다면 아무 곳에서나 뚜껑을 구입하여 사용할 수 있지만, 수량이 많다면 가능한 한 컵을 구입한 곳에서 뚜껑도 구입하는 것이 좋습니다. 이는 생산 공장마다 미세한 차이가 있기 때문인데, 겉보기에는 컵과 뚜껑이 잘 결합된 것처럼 보여도 음료가 새는 경우가 있을 수 있습니다. 따라서, 컵과 뚜껑은 꼭 같은 판매처에서 구입하는 것이 바람직합니다.

종이컵은 85와 90파이 뚜껑,
플라스틱 컵은 92와 98파이 뚜껑이 많이 사용돼요.
같은 용량이라면 작은 지름의 컵이
음료가 더 많아 보이게 돼요.

테이크아웃 컵 홀더 선택하기

컵 홀더는 보통 종이로 만들어져 손을 보호하고 음료의 온도를 유지하는 역할을 한다.
또한, 홀더에 매장만의 고유한 디자인을 넣어 브랜드를 홍보하는 용도로도 활용된다.

컵 홀더의 종류

컵 홀더는 두꺼운 종이로 만들어진 일반 홀더와 컵과 홀더 사이에 여유 공간이 있는 에어 홀더가 있습니다. 에어 홀더는 뜨거운 음료를 담았을 때 여유 공간으로 인해 손에 온도가 전달되지 않아 더 안전하고, 아이스 음료를 담았을 경우에는 결로 현상으로 인해 홀더가 눅눅해지지 않습니다. 디자인이 다양하고 예쁜 스타일이 많지만 일반 홀더에 비해 더 많은 공간을 차지하고 가격도 더 비쌉니다.

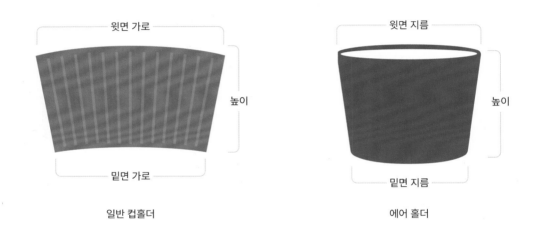

일반 컵홀더   에어 홀더

컵의 용량에 따른 홀더의 위치

컵 홀더는 8oz, 12oz, 16oz, 20oz 등 컵의 사이즈에 맞춰 제공되므로, 구입한 컵 크기에 맞는 전용 홀더를 구입하는 것이 가장 좋습니다. 여러 크기의 컵을 사용하는 경우에는 사이즈별로 전용 홀더를 구비하기 어려울 수 있습니다. 이런 경우, 한 개의 컵 홀더를 서로 다른 크기의 컵에 사용할 수 있지만, **컵의 크기에 따라 홀더의 위치나 벌어짐 정도가 달라집니다. 한 개의 홀더로 두 개 이상의 컵을 사용할 경우, 홀더의 위치를 꼭 확인**하고 구입해야 합니다.

홀더와 종이컵의 크기는 제작 업체에 따라 다를 수 있으므로, 크기 정보를 꼭 확인한 뒤 구입하세요.

| 10oz | 13oz | 16oz 84파이 | 16oz 90파이 | 20oz | 22oz |

10/13oz 전용 종이컵 홀더를 다양한 사이즈의 컵에 끼웠을 때 홀더의 위치

| 14oz 92파이 | 16oz 92파이 | 20oz 92파이 | 24oz 98파이 |

16oz 전용 플라스틱 컵 홀더를 다양한 사이즈의 컵에 끼웠을 때 홀더의 위치

테이크아웃 캐리어 선택하기

테이크아웃 컵의 포장에 사용되는 테이크아웃 캐리어는 '커피 트레이'라고도 불리며, 일반적으로 테이크아웃 캐리어라고 부릅니다. 캐리어를 선택할 때에는 음료의 개수와 용량에 맞는 크기를 고려해야 합니다. 재질은 주로 비닐과 종이가 있으며, 펄프를 사용한 제품도 있습니다. 캐리어를 선택할 때에는 사용자의 편의성을 고려하고, 음료가 흔들리지 않으며 가격이 합리적인 제품을 구입하는 것이 중요합니다.

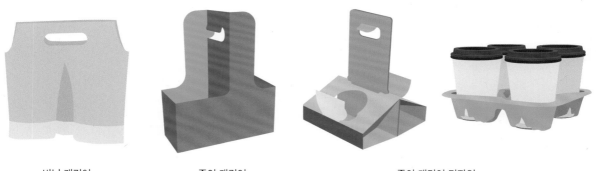

비닐 캐리어   종이 캐리어   종이 캐리어 디자인

Chapter 06.

성공을 위한 카페 장비의 모든 것

카페 창업을 할 때, 인테리어 다음으로 중요한 고민거리가 바로 커피머신과 같은 카페 장비입니다. 특히 카페 경력이 없는 초보 사장님이라면 더 많은 고민이 될 수 있습니다. 커피머신만 해도 다양한 브랜드와 모델이 있어, 어떤 제품을 선택해야 할지 쉽게 결정하기 어렵습니다. 그렇다고 판매자의 말만 듣고 무턱대고 구입할 수는 없습니다. 장비를 구매할 때는 창업의 형태와 카페의 컨셉에 맞는 제품을 선택하는 것이 중요합니다. 이렇게 하면 비용도 절감하고, 장비를 운용하면서도 더 만족할 수 있습니다. 이번 Chapter에서는 카페에 꼭 필요한 장비들을 소개하고, 각 장비의 특징과 장단점, 선택 시 고려해야 할 사항들을 알아보겠습니다.

바리스타가 카페 장비에 대해 알아야 하는 이유

커피머신은 바리스타가 가장 많이 사용하는 중요한 장비이다. 커피머신을 제대로 다루지 못하면 카페 운영에 여러 가지 문제가 발생할 수 있으므로 사용 중인 장비에 대해 충분히 이해하고 잘 다룰 수 있어야 한다.

① 일관된 커피 품질 유지

커피 추출에서 가장 중요한 것은 일관된 품질 유지입니다. 이를 위해 커피머신의 온도, 압력, 추출 시간 조절은 에스프레소의 맛과 향에 큰 영향을 미칩니다. 바리스타는 커피머신의 기능을 이해하고 조정하여, 원두의 특성에 맞춰 일관된 품질의 커피를 추출할 수 있어야 합니다.

② 문제 발생 시 신속한 대처 가능

바리스타가 커피머신에 대해 기본적인 지식을 갖추고 있으면, 커피 추출이 되지 않는 문제 발생 시 원인을 신속히 파악하고 해결할 수 있습니다. 이를 통해 커피머신 고장으로 인한 매장 운영 중단 시간을 최소화하고, 고객에게 꾸준히 고품질의 커피를 제공할 수 있습니다.

③ 효율적인 작업 및 관리 비용의 절감

최근 출시되는 커피머신은 커피 추출에 활용할 수 있는 다양한 기능을 갖추고 있습니다. 바리스타가 사용 중인 커피머신의 기능을 잘 이해하면 추출 속도를 높이고 작업 효율성을 향상시킬 수 있습니다. 또한, 커피머신을 최적의 상태로 유지하면 시간과 에너지를 절약하고, 불필요한 고장을 줄여 유지 관리 비용을 절감할 수 있습니다.

④ 커피머신 유지 보수 및 청소

바리스타가 커피머신의 청소 주기와 방법, 필터, 가스켓, 샤워 스크린 같은 소모품의 교체 주기를 정확히 이해하고 실천하면, 커피머신을 최적의 상태로 유지할 수 있습니다. 내부에 커피 찌꺼기, 석회질, 기름기 등이 쌓이면 커피 맛을 떨어뜨릴 뿐만 아니라 고장의 원인이 될 수 있습니다. 바리스타는 정기적인 청소와 유지 보수를 통해 커피머신을 철저히 관리해야 합니다.

⑤ 고객 만족도 향상 및 신뢰 구축

고객은 바리스타가 제공하는 한 잔의 커피를 통해 다양한 경험을 할 수 있습니다. 특히 원두, 커피 추출 과정, 커피머신 등에 대해 바리스타가 설명을 더한다면, 고객은 바리스타의 전문성을 느끼고 이를 통해 카페에 대한 신뢰가 형성됩니다. 이러한 경험은 고객의 만족으로 이어질 수 있습니다.

카페 운영에 꼭 필요한 장비 다섯 가지

카페 운영 시 예산과 공간을 고려해 필수 장비를 우선 구입하고, 이후 필요에 따라 추가 장비를 마련하는 것이 효율적이다. 다양한 장비를 갖추면 커피의 일정한 품질을 유지하는 데 도움이 된다.

첫째, 커피머신

커피머신은 추출 시간, 압력, 온도 등을 일정하게 제어하여 일관된 맛의 커피를 안정적으로 추출할 수 있어 카페 운영에 필수적인 장비입니다. 많은 고객이 몰리는 시간에도 대량의 커피를 효율적으로 추출할 수 있으며, 에스프레소를 기본으로 한 다양한 음료를 제공할 수 있습니다. 또한, 커피머신을 통해 카페의 전문성을 강조하고 고객에게 세련된 이미지를 전달할 수 있습니다.

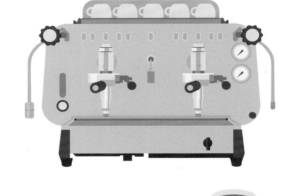

둘째, 그라인더

그라인더는 원두를 분쇄하는 도구로, 자동과 수동 그라인더로 나눌 수 있습니다. 에스프레소, 프렌치 프레스, 모카포트, 드립 커피 등 각 추출 방식에 맞게 세밀하고 균일한 분쇄가 가능하며, 주문 즉시 원두를 분쇄하여 커피의 신선한 향과 맛을 최대한 유지할 수 있습니다. 이러한 이유로 고품질의 그라인더는 카페 운영에 필수적인 장비입니다.

Barista's Tips

카페 운영에 필요한 또 다른 장비들

카페 운영을 위해서는 여기서 소개한 5가지 장비 외에도 다양한 장비가 필요합니다. 예를 들어, 얼음을 활용한 음료 제작을 위한 블렌더, 디저트를 시각적으로 보여주는 쇼케이스, 에스프레소 추출 시 탬핑의 깊이와 압력을 자동으로 설정할 수 있는 자동 탬핑기 등이 있습니다. 이러한 다양한 장비를 활용하면 카페 운영의 효율성을 높이고, 품질을 일정하게 유지할 수 있습니다.

셋째, 제빙기

우리나라에서는 겨울에도 아이스 아메리카노와 같은 얼음이 들어간 음료를 많이 찾기 때문에 제빙기의 중요성이 큽니다. 제빙기는 일정한 크기로 깨끗한 얼음을 만들어 음료의 품질을 일정하게 유지하며, 다양한 아이스 음료를 만드는 데 도움을 줍니다. 제빙기마다 얼음의 생산량과 크기, 모양이 다르므로, 음료의 특성과 용도에 맞는 제빙기를 선택하는 것이 중요합니다.

넷째, 핫 워터 디스펜서

핫 워터 디스펜서(온수기)는 정수된 물을 끓여 뜨거운 상태로 저장하고, 필요할 때마다 즉시 사용할 수 있도록 해주는 기계입니다. 이를 통해 뜨거운 음료를 빠르게 제공할 수 있을 뿐만 아니라, 다양한 재료 준비와 조리, 카페 도구와 기기 세척에도 유용하게 활용됩니다. 핫 워터 디스펜서는 시간 절약과 효율적인 운영을 가능하게 해주는 필수적인 장비입니다.

다섯째, 냉동·냉장고

카페나 식당에서 사용하는 냉동고와 냉장고는 식재료를 보관하는 장비입니다. 냉장고는 스탠드형(수직형)과 상부를 작업대로 사용할 수 있는 테이블형으로 나눌 수 있습니다. 냉각 방식에는 냉각 장치에서 나오는 찬 공기로 내부를 직접 냉각시키는 직냉식과, 냉각된 공기를 팬을 통해 순환시켜 냉기를 퍼트리는 간냉식이 있습니다.

에스프레소 커피머신 구입하기

카페 창업 시 가장 큰 비용은 인테리어와 장비 구입이며, 그 중 커피머신이 가장 고가의 장비다.
커피머신은 다양한 브랜드와 종류가 있기 때문에 선택 시 여러 사항들을 고려하여 구입해야 한다.

카페 창업을 위해 커피머신 구입 시 고려해야 할 사항

카페 운영에서 가장 중요한 장비 중 하나인 **에스프레소 머신을 선택할 때는 상권 분석을 통해 하루 예상 판매량을 파악한 후, 이에 적합한 용량과 성능을 갖춘 머신을 선택**해야 합니다. 머신의 내구성, 안정적인 추출력, 스팀 기능, 그리고 온도 제어 성능은 반드시 꼼꼼히 확인해야 하며, 청소와 관리가 용이한 제품을 선택하면 운영 효율성을 크게 높일 수 있습니다. 초기 구매 비용뿐만 아니라 유지·관리 비용도 함께 고려해야 하며, 서비스 지원이 잘 되는 브랜드를 선택하는 것이 중요합니다.

커피머신을 구입할 때 체크해야 할 사항

커피머신을 구입하기 전에 아래 항목들을 확인하고, 자신의 상황에 가장 적합한 커피머신을 선택하세요.

효율성과 성능 및 품질

☐ 하루 판매량에 적합한 용량이며 그룹 헤드의 개수는 충분한가?

☐ 장시간 사용에도 내구성이 뛰어나고 신뢰할 수 있는 브랜드인가?

☐ 별도의 설명서 없이 커피머신의 세팅을 쉽게 제어할 수 있는가?

☐ 피크 타임에도 커피를 빠르게 추출하면서 일관된 맛을 유지할 수 있는가?

추출 및 스팀 기능

☐ 추출 속도와 온도가 일정하게 유지되는가?

☐ 강력한 스팀 기능으로 부드럽고 크리미한 우유 거품을 만들 수 있는가?

☐ 스티밍 시 스팀봉에 안전장치가 있는가?

유지 관리와 예산 및 브랜드

☐ 자동 세척 기능과 같은 간편한 관리 기능이 있는가?

☐ 소모품의 교체는 쉽게 할 수 있는가?

☐ 초기 투자 비용과 유지 보수 비용을 예산에 맞게 고려했는가?

☐ 서비스 네트워크가 잘 구축되어 A/S를 편하게 받을 수 있는가?

카페 컨셉에 맞는 커피머신 선택법

수동, 반자동, 전자동, 또는 드립 커피머신을 선택할 때는 각 유형의 특성과 사용 목적을 명확히 이해한 뒤, 매장의 운영 방식에 적합한 커피머신을 선택해야 합니다.

① 수동 커피머신

바리스타가 **직접 레버를 당겨 커피를 추출하는 방식으로, 기술과 감각이 중요한 역할**을 합니다. 추출 과정을 세밀하게 제어할 수 있어 맛을 정교하게 조절할 수 있습니다. 다만, 숙련된 기술이 필요하고 추출 시간이 길다는 단점이 있습니다.

• 추천 카페 - 수제 커피 전문점, 스페셜티 커피 카페

② 반자동 커피머신

분쇄된 원두를 커피머신에 장착한 후 **버튼을 누르면 설정값에 따라 커피가 추출**됩니다. 자동 기능으로 일정한 품질을 유지하면서도 바리스타의 감각을 반영할 수 있으며, 일부 과정이 자동화되었지만 기술에 따라 결과가 달라질 수 있습니다.

• 추천 카페 - 다양한 커피 음료를 판매하는 카페

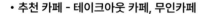

③ 전자동 커피머신

원두의 분쇄부터 에스프레소 추출까지 모든 과정이 버튼만 누르면 자동으로 진행됩니다. 일관된 품질의 커피를 빠르게 제공할 수 있어 초보자도 쉽게 사용할 수 있습니다. 다만, 추출 과정이 제한적이며 고장 시 수리 비용이 높을 수 있습니다.

• 추천 카페 - 테이크아웃 카페, 무인카페

④ 드립 커피머신

뜨거운 물을 커피가루에 부어 추출하는 드립 방식을 기계로 자동화한 시스템으로, 대량 소비 환경에 적합하며 유지 비용이 저렴하고 관리가 용이합니다. 에스프레소 머신에 비해 추출 시간이 길고, 농도와 풍미가 상대적으로 약합니다.

• 추천 카페 - 브런치 카페, 셀프 카페, 복합 매장

창업 형태에 따른 커피머신 선택 요령

창업 형태에 따라 매장 공간 크기, 메뉴, 판매량을 고려하여 커피머신을 선택해야 합니다.

① 테이크아웃 전문점

테이크아웃 전문점은 빠른 서비스가 핵심이므로, **빠르고 효율적으로 커피를 추출할 수 있는 머신**을 선택해야 합니다. 작은 공간에 적합한 크기와 뛰어난 내구성을 갖추고, 연속 추출 기능과 간편한 유지 보수, 쉬운 작동법이 중요합니다. 또한, 판매하는 메뉴에 맞는 커피머신을 선택해야 합니다.

 주요 고려 요소
- 소형화 및 공간의 효율성
- 커피 추출 속도와 쉬운 작동법

 추천 머신
- 반자동 커피머신, 전자동 커피머신

추천 팁
- 자동 그라인더와 자동 세척 기능이 포함된 전자동 커피머신도 고려

② 일반 중소형 카페

중소형 카페는 커피머신을 자주 사용할 가능성이 크므로, **내구성이 뛰어나고 안정적인 성능을 유지할 수 있는 머신이 필요**합니다. 자동 온도 조절 기능과 강력한 스팀 기능을 갖춘 머신은 안정적인 음료 제작이 가능합니다. 또한, 서비스 지원과 A/S가 용이한 브랜드를 선택하는 것이 중요합니다.

 주요 고려 요소
- 유지 보수와 AS지원이 쉬운지 확인
- 공간의 크기와 안정적인 커피 추출 시스템

 추천 머신
- 반자동 커피머신

추천 팁
- 예산에 따라 중고 커피머신도 고려

❸ 대형 카페 또는 체인점

대형 카페나 프랜차이즈 카페는 **많은 양의 커피를 추출해야 하므로, 대용량 보일러와 빠른 열 회복력, 안정적인 추출 기능이 필수**입니다. 여러 명의 바리스타가 효율적으로 사용할 수 있으며, 내구성이 강하고 에너지 효율이 높고, 자동 청소 기능이 탑재된 모델을 선택하면 관리 부담을 줄일 수 있습니다.

 주요 고려 요소
- 하루 100잔 이상의 커피 추출
- 체인 메뉴와 레시피에 맞는 머신 사용

 추천 머신
- 반자동 커피머신(3그룹), 전자동 커피머신

추천 팁
- 프랜차이즈는 본사 제공, 지정한 장비 사용
- 계약시 장비 조건 확인 후 계약

❹ 콘셉트 카페

스페셜티 커피나 **다양한 추출 기법을 사용하는 카페는 커피의 품질에 차별화**를 두어야 합니다. 정확한 온도 제어 기능, 정밀한 추출 성능, 유연한 커스터마이징 기능을 제공하며, 장시간 사용해도 성능이 유지되는 안정적인 브랜드의 고급 반자동 커피머신 제품을 선택하는 것이 좋습니다.

 주요 고려 요소
- 그라인더의 품질과 호환성
- 디자인과 브랜드 이미지 고려

 추천 머신
- 고급 반자동 커피머신(1그룹 이상), 브루잉 머신

추천 팁
- 세련되고 고급스러운 디자인의 커피머신
- 바리스타가 커스터마이징 가능한 제품

꼭 알아야 하는 커피머신의 명칭과 기능

모델마다 구조적인 차이가 있을 수 있지만, 대부분 유사한 위치에 동일한 명칭이 사용되므로,
기본적인 명칭과 기능을 반드시 숙지해야 한다.

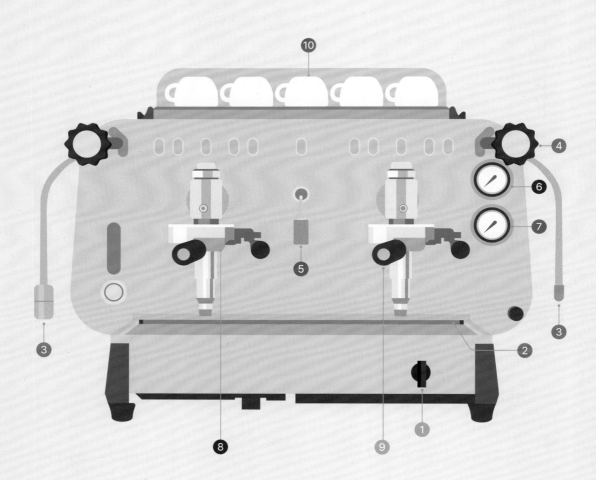

① **전원 버튼**

작동 스위치는 전원 스위치와 히팅 스위치 두 가지로 구성되어 있습니다. 전원 스위치는 기계에 전원을 공급하여 보일러에 물을 채우고, 히팅 스위치는 보일러에 열을 공급해 스팀과 압력을 생성합니다.

② **배수 받침대**

배수 받침대는 그룹헤드에서 나오는 물과 커피 찌꺼기를 처리합니다. 받침대 안에는 배수통이 있고, 배수통은 배수관을 통해 하수도로 연결됩니다. 효과적인 배수를 위해서는 정기적인 청소가 필요합니다.

③ **스팀 노즐**

스팀 노즐은 고온의 증기를 분출하여 우유를 데우고 크리미한 거품을 만들어 음료의 질감을 높여줍니다. 주로 라떼나 카푸치노와 같은 음료에 사용되며, 사용 후에는 위생을 위해 즉시 청소해야 합니다.

④ **스팀 밸브**

우유 스티밍을 위한 스팀 조절 밸브는 레버 형태와 다이얼 형태 두 가지가 있습니다. 레버 형태는 레버를 올리거나 내려 조작할 수 있으며, 다이얼 형태는 스팀의 세기를 정밀하게 조절할 수 있습니다.

⑤ **온수 추출구**

보일러에서 데워진 온수가 나오는 부분입니다. 과거에는 온수기가 없어서 보일러의 온수를 사용해 음료를 제조했으나, 현재는 별도의 온수기를 사용하기 때문에 보일러의 온수는 주로 세척용으로 사용됩니다.

⑥ **펌프 압력 게이지**

커피 추출 시 펌프에서 발생한 압력을 시각적으로 보여주는 게이지입니다. 3~5바(bar)에서 안정적인 상태를 유지하며, 추출 버튼을 누르면 에스프레소 추출에 이상적인 압력인 9~10바로 상승합니다.

⑦ **보일러 압력 게이지**

보일러 압력 게이지는 보일러 내부의 압력을 시각적으로 보여 줍니다. 0.8~1.2바(bar) 범위에서 안정적으로 유지되며, 이를 통해 보일러가 적절한 온도와 압력에서 작동하는지 확인할 수 있습니다.

⑧ **그룹헤드**

포터필터를 장착하고 버튼을 누르면 커피가 추출되는 부분으로, 보일러의 열전도를 통해 뜨거운 온도를 유지합니다. 그룹헤드가 많을수록 동시에 더 많은 커피를 추출할 수 있어 효율성이 높아집니다.

⑨ **포터필터**

그라인더에서 분쇄된 원두를 담아 그룹헤드에 장착하여 커피를 추출하는 도구로, 내부에 커피가루를 담는 필터 바스켓이 있습니다. 바스켓은 교체가 가능하며, 크기에 따라 커피의 맛과 품질이 달라집니다.

⑩ **워머**

커피머신의 상단에 위치해 커피잔을 올려놓으면 잔을 따뜻하게 데워주는 역할을 합니다. 이를 통해 커피가 추출될 때 잔이 차가워지지 않아, 커피의 온도를 일정하게 유지할 수 있습니다.

에스프레소 추출의 필수 도구, 포터필터

포터필터는 바스켓, 스파웃, 손잡이로 구성되어 있으며, 그라인더에서 분쇄된 원두를 담아 그룹헤드에
장착해 커피를 추출하는 도구이다. 커피머신의 브랜드에 따라 포터필터의 모양이 달라질 수 있다.

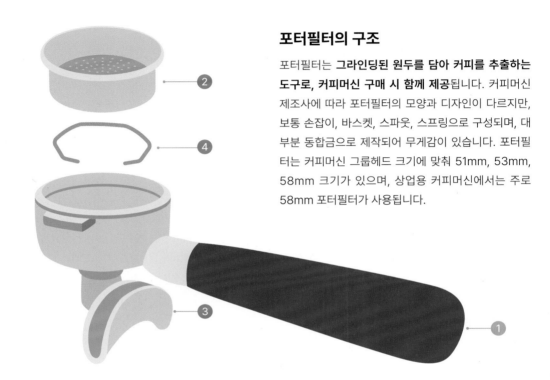

포터필터의 구조

포터필터는 **그라인딩된 원두를 담아 커피를 추출하는
도구로, 커피머신 구매 시 함께 제공**됩니다. 커피머신
제조사에 따라 포터필터의 모양과 디자인이 다르지만,
보통 손잡이, 바스켓, 스파웃, 스프링으로 구성되며, 대
부분 동합금으로 제작되어 무게감이 있습니다. 포터필
터는 커피머신 그룹헤드 크기에 맞춰 51mm, 53mm,
58mm 크기가 있으며, 상업용 커피머신에서는 주로
58mm 포터필터가 사용됩니다.

① 손잡이
포터필터의 손잡이는 바리스타가 잡고 사용하는 부분
으로 바스켓과 연결되어 있습니다. 주로 플라스틱으로
제작되며, 필요에 따라 다른 소재나 디자인의 손잡이로
교체할 수 있습니다.

② 바스켓
바스켓은 분쇄된 커피가루가 담기는 곳으로 스테인리
스로 제작됩니다. 그룹헤드에서 고압의 뜨거운 물이 커
피가루를 통과한 후, 바스켓 바닥의 작은 구멍을 통해
커피가 추출됩니다.

③ 스파웃
바스켓의 구멍을 통해 추출된 커피가 모여 나오는 추출
구로 1잔용인 싱글 스파웃은 한쪽 추출구로, 2잔용인
더블 스파웃은 양쪽 추출구로 커피를 샷잔에 떨어뜨리
는 역할을 합니다.

④ 스프링
포터필터 홀더 내부에서 바스켓을 고정해 움직이지 않
도록 지지해주는 부품입니다. 바스켓이 헐겁게 느껴질
경우, 새로운 스프링으로 교체하면 안정적으로 고정할
수 있습니다.

바스켓

바스켓은 **포터필터 홀더 내부에 장착되어 분쇄된 커피가루를 담는 곳**입니다. 바스켓의 밑면에는 작은 구멍들이 일정하고 촘촘하게 뚫려 있어, 고온·고압의 물이 커피가루를 통과하며 균일한 추출이 이루어집니다. 커피머신 구입 시 기본으로 제공되는 싱글 바스켓은 에스프레소 1잔, 더블 바스켓은 2잔을 추출할 수 있으며, 크기는 14g, 16g, 18g, 21g 등으로 다양합니다. 바스켓의 크기와 모양은 커피머신 제조사와 그룹헤드에 따라 달라집니다. **바스켓에 담기는 원두의 양은 커피 맛에 큰 영향을 미치기 때문에,** 바리스타가 추구하는 커피 맛에 적합한 바스켓을 별도로 구매해 사용하는 경우도 있습니다.

싱글 바스켓
7~9g의 커피가루를 담을 수 있으며 원샷 추출에 사용됩니다.

더블 바스켓
14~18g의 커피가루를 담을 수 있으며 투샷 추출에 사용됩니다.

블라인드 바스켓
추출 구멍이 없어 커피머신 청소 (백플러싱) 용도로 사용됩니다.

프리시전 바스켓

프리시전 바스켓은 **정밀한 에스프레소 추출을 위해 설계된 바스켓**으로, 물의 흐름과 추출 압력을 균일하게 유지하여 더욱 안정적인 향미와 높은 품질의 커피를 추출할 수 있게 합니다. 보다 정교한 추출을 원하는 바리스타들이 사용하며, 대표적인 제품으로 IMS 바스켓과 VST 바스켓이 있습니다.

IMS 바스켓
밑으로 갈수록 좁아지는 형태의 바스켓으로, 커피가루가 깊게 담겨 추출 구간이 길고 타공 개수가 적어 압력 저항이 큽니다. 이러한 특성 덕분에 안정적인 추출이 가능하며, 풍성한 크레마와 깊은 맛, 바디감을 강조하기 때문에 중배전 이상의 원두에 적합합니다. 추출이 비교적 쉬워 초보자부터 전문가까지 폭넓게 활용할 수 있습니다.

VST 바스켓
밑면이 평평하고 길이가 긴 바스켓으로 **타공 개수가 많아 물 빠짐이 쉬워 압력 저항이 낮고 추출 속도가 빠릅니다.** 압력 저항이 적어 섬세한 컨트롤이 가능해 약배전으로 로스팅된 원두에 적합합니다. 그라인더의 미세한 조정 차이로 맛이 달라지기 때문에 추출이 까다롭지만, 산미와 향이 잘 표현되어 산미가 강조된 원두에 적합합니다.

풍성한 크레마를 만들어주는 듀얼 월 바스켓

가정용 반자동 커피머신에서 주로 사용하는 바스켓으로 **바닥면이 두 장의 스테인리스로 되어 있어** **'듀얼 월(Dual Wall) 바스켓'**이라고 불립니다. 이중으로 덧대어진 필터는 타공 수가 서로 달라, 추출 시 높은 압력이 발생하여 신선도가 떨어진 원두에 크레마를 강제로 만들어주거나, 굵은 분쇄도로 인한 압력이 제대로 걸리지 않아 에스프레소 추출이 어려울 때 이를 보완하기 위해 설계되었습니다. 초보자를 위한 가정용 바스켓이므로 전문 바리스타들은 바닥면이 한 장인 싱글 월 바스켓을 사용하는 것이 좋습니다.

월 바스켓 전면   월 바스켓 후면

항상 같은 원두를 사용하는데 미분이 늘어난다면
바스켓을 점검해보고 필요하다면 교체해야 해요.

포터필터의 보관

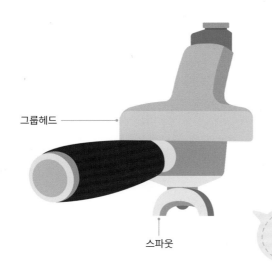

에스프레소 추출 후, 그룹헤드에서 포터필터를 제거하고 커피 퍽을 처리한 뒤 브러시로 찌꺼기를 청소합니다. 이후 온수로 포터필터를 씻고 마른 행주로 닦아 그룹헤드에 다시 장착합니다. **포터필터는 안정적인 커피 추출을 위해 뜨거운 그룹헤드에 장착하여 온도를 유지**해야 하며, 그룹헤드의 가스켓을 정기적으로 교체하여 밀착력을 높이는 것이 중요합니다.

그룹헤드

스파웃

세척한 포터필터는 다음 추출을 위해
항상 그룹헤드에 결합해주세요.

포터필터의 청소

포터필터는 동합금으로 제작되어 부식을 방지하기 위해 흰색 도금 처리가 되어 있습니다. 쇠솔로 청소할 경우 도금이 벗겨질 수 있으므로, **매일 마감 시 커피 기름을 제거할 수 있는 전용 세척제에 담가 깨끗이 세척**합니다. 포터필터 하단의 스파웃은 본체와 분리하기 어려워 청소가 미뤄지는 경우가 많지만, 바스켓을 빼고 세척액에 담가 커피 찌꺼기와 기름을 제거할 수 있습니다. 또한, 커피머신의 스팀을 분사하면 세척과 동시에 소독도 가능합니다.

Barista's Tips

추출 상태를 확인할 수 있는 바텀리스 포터필터

바텀리스 포터필터는 바닥이 없는 구조로, 바스켓에서 커피가 추출되는 과정을 직접 볼 수 있는 특징이 있습니다. 이를 통해 커피 추출 시의 압력, 물의 흐름, 크레마 형성 등 다양한 과정을 시각적으로 확인할 수 있어, 바리스타가 추출 과정의 변화를 실시간으로 모니터링하고 조정할 수 있습니다. 그러나 추출이 잘못될 경우 커피가 튀거나 흐름이 불균일할 수 있어, 처음 사용하는 바리스타에게는 다소 어려울 수 있습니다. 바텀리스 포터필터는 스파웃이 없어 청소가 간편하지만, 커피가 많이 튈 수 있어 사용 후 바로 청소하는 것이 좋습니다.

바텀리스 포터필터

상업용 커피머신에서 사용되는
58mm 포터필터는 대부분 호환이 가능하지만,
일부 모델에서는 호환되지 않을 수 있으므로
별도로 구입할 때는 반드시 확인해야 해요.

커피머신의 핵심, 그룹헤드

그룹헤드는 에스프레소를 추출하는 커피머신의 핵심 부위로 커피 품질에 큰 영향을 미치는 중요한 곳이다.
그룹헤드의 기본적인 역할과 구조, 그리고 올바른 관리 방법을 반드시 이해해야 한다.

그룹헤드의 역할

그룹헤드는 에스프레소를 추출하기 위해 포터필터를 연결하고 고정하는 커피머신의 핵심 부위로, 보일러에서 가열된 물이 전달되어 일정한 온도와 압력으로 균일하게 추출되도록 합니다. 보일러와 연결된 그룹헤드는 항상 일정한 온도를 유지해 추출 과정에서 안정적인 온도를 제공하며, 이는 에스프레소의 맛과 품질을 높이는 데 중요한 역할을 합니다. 내부의 솔레노이드 밸브는 물의 흐름을 정밀히 조절하고, 추출 후 남은 물과 압력을 깔끔하게 배출합니다. 그룹헤드가 추출 품질과 에스프레소의 맛에 큰 영향을 미치는 만큼, 바리스타는 그 역할을 이해하고 관리해야 합니다.

추출수의 균일한 분배

그룹헤드의 디퓨저와 샤워 스크린은 고압의 물줄기를 커피 퍽 전체에 고르게 분산시켜 에스프레소가 균일하게 추출되도록 돕는 역할을 합니다.

추출 온도 유지

보일러의 뜨거운 물이 그룹헤드로 순환하는 구조를 갖고 있어, 에스프레소 추출에 적합한 온도를 안정적으로 유지합니다.

포터필터의 고정

포터필터를 그룹헤드에 정확하게 고정시켜 압력이 새거나 추출에 불균형이 생기지 않도록 하여, 에스프레소 추출이 원활하게 이루어지도록 합니다.

추출 압력 유지

에스프레소 추출에서 중요한 높은 압력을 커피 퍽에 전달하고, 이 압력을 일정하게 유지하여 완벽한 에스프레소 추출이 이루어지도록 합니다.

그룹헤드의 주요 구성 요소

그룹헤드는 포터필터가 장착되는 본체와 샤워 스크린, 디퓨저, 가스켓으로 구성됩니다. 각 부품은 물의 압력과 흐름을 조절하며, 에스프레소 추출이 균일하게 이루어지도록 돕습니다.

가스켓과 샤워스크린은 주기적으로
교체해야하는 소모품이에요.

가스켓

그룹헤드와 포터필터 사이의 결합 부위에 위치한 고무 링인 가스켓은 추출 중 압력이 새지 않도록 밀봉하는 역할을 합니다. 그룹헤드가 항상 뜨거운 온도를 유지하기 때문에, 고무인 가스켓은 오래되면 경화되거나 찢어져 추출 압력이 유지되지 않아 물이 샐 수 있어 주기적인 점검과 교체가 필요합니다.

디퓨저 분배노즐

그룹헤드에서 나오는 고압의 물줄기는 여러 갈래로 분산시켜 순간적으로 압력을 낮추고, 샤워 스크린에 골고루 분배되도록 합니다. 디퓨저가 없다면 고압의 물이 커피 퍽을 파손시켜 추출에 영향을 줄 수 있습니다. 커피 찌꺼기나 오일이 역류해 디퓨저의 구멍을 막을 수 있으므로, 정기적으로 분해하여 세척해야 합니다.

샤워 스크린

그룹헤드의 가장 아랫부분에 위치하며 커피 퍽과 직접 접촉하여 물이 균일하게 퍼지도록 합니다. 에스프레소가 추출된 후에는 커피 찌꺼기가 그룹헤드 내부로 다시 들어가는 것을 방지하는 필터 역할도 합니다.

커피머신 작동의 기본 원리

커피머신은 보일러를 중심으로 스팀, 온수, 에스프레소 추출이 이루어진다.
커피머신 작동의 기본 원리를 이해하려면, 보일러의 원리와 추출수의 원리를 이해하는 것이 중요하다.

커피머신의 기본 원리

커피머신은 보일러 내부에 있는 히터가 물을 뜨겁게 가열하면, 모터 펌프가 9바(bar)의 높은 압력으로 그룹헤드로 전달합니다. 고압의 물은 그룹헤드에 있는 디퓨저와 샤워 스크린을 통해 고르게 퍼져 포터필터에 담긴 커피 퍽을 통과하여 에스프레소가 추출됩니다. 보일러는 커피 추출에 필요한 뜨거운 물과 스팀, 온수를 공급하며, 추출에 필요한 일정한 온도와 압력을 유지하는 중요한 역할을 합니다.

보일러　　뜨거운 물　　모터펌프　　높은 압력(9바(bar))　　그룹헤드　　물 분배　　포터필터　　에스프레소 추출　　커피추출

보일러의 원리

커피머신의 핵심 장치인 보일러는 물을 가열하여 고압의 증기를 발생시키는 장치입니다. 냄비에 물을 약 70% 정도 채우고 뚜껑을 닫은 후 가열하면, 물이 100°C에서 끓기 시작하면서 수증기가 발생합니다. 이 수증기는 밀폐된 공간에서 압력을 형성하며, 가열이 계속되면 물과 증기가 열평형 상태를 이루어 약 120°C에 도달합니다. 이 압력이 대기 중으로 배출되면 압력 변화로 인해 에너지가 손실되어 물의 온도가 100°C 이하로 떨어지고 다시 가열되면 온도가 올라가게 됩니다. 커피머신의 **보일러는 이 원리를 활용하여 일정한 온도와 압력을 유지하며, 커피 추출에 필요한 뜨거운 물과 스팀을 안정적으로 공급**하고 있습니다.

수증기

100°C 끓는 물
(뜨거운 물)

커피머신에는 보일러의 온도를 자동으로
조절해주는 PID 기능이 탑재되어 있어요.

스팀과 온수의 원리

보일러 안의 냉수가 히터로 가열되면 서서히 끓기 시작하고, 물이 끓으면서 발생한 수증기가 공기가 있던 공간을 채우며 증기압이 형성됩니다. 이로 인해 압력계의 바늘은 0바(bar)에서 1바(bar)로 올라갑니다. **압력계가 1바(bar)를 가리킨다는 것은 보일러 내부가 열평형 상태에 도달했음을 의미하며**, 이때 보일러 내부의 물 온도는 약 **120℃**에 이르게 됩니다. 보일러 내부의 수증기가 있는 공간에서 관을 연결하여 스팀을 추출하면 스팀 노즐로 작동되어 우유 스티밍을 할 수 있게 됩니다. 보일러 내부의 끓는 물 쪽에서 관을 연결하면 뜨거운 물이 추출되는 온수 노즐이 됩니다.

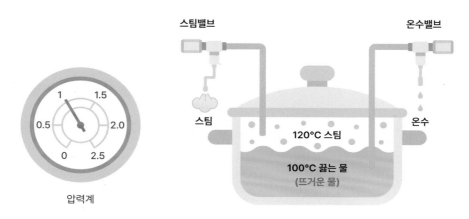

압력계

커피 추출수의 원리

커피 추출에 사용하는 물은 보일러의 뜨거운 물과는 별도로 관리됩니다. **추출을 위해 보일러 안에는 "열교환기"라는 맥주캔 크기의 동관**이 들어 있습니다. 정수필터를 통해 들어온 냉수가 열교환기에 유입되면, 보일러 내부의 뜨거운 물에 의해 간접적으로 가열됩니다.

이렇게 가열된 물은 그룹헤드로 보내지며 커피 추출수로 사용됩니다. 열교환기의 뜨거운 물이 커피 추출수로 사용된 만큼 차가운 물이 자동으로 보충되어 다시 간접적으로 가열됩니다.

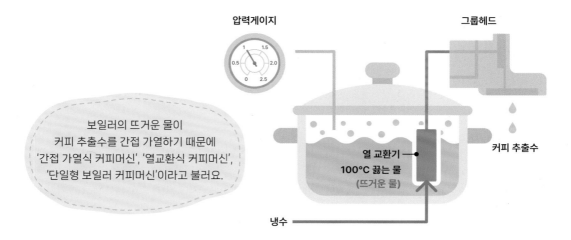

커피머신에서 커피의 추출 과정

정수필터를 통해 정수된 물은 커피머신의 열교환기로 유입되고, 추출 버튼을 누르면
모터 펌프가 작동하여 높은 압력이 만들어 진다. 이를 통해 진하고 강한 에스프레소가 추출된다.

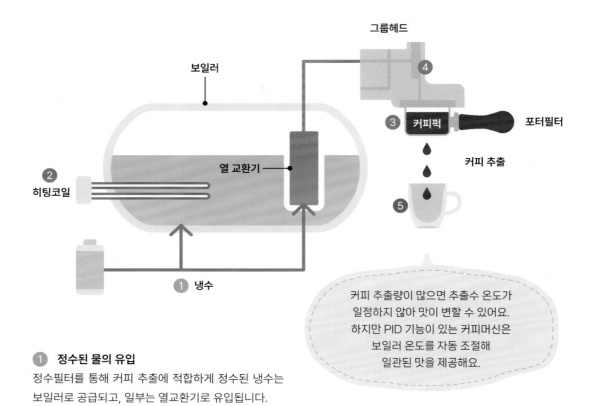

커피 추출량이 많으면 추출수 온도가
일정하지 않아 맛이 변할 수 있어요.
하지만 PID 기능이 있는 커피머신은
보일러 온도를 자동 조절해
일관된 맛을 제공해요.

① 정수된 물의 유입
정수필터를 통해 커피 추출에 적합하게 정수된 냉수는
보일러로 공급되고, 일부는 열교환기로 유입됩니다.

② 가열과 히팅
보일러로 공급된 냉수는 히팅 코일로 가열되며, 열교환
기로 유입된 물은 보일러 내부의 뜨거운 물로 간접 가열
됩니다.

③ 도징과 탬핑
분쇄한 원두를 포터필터에 담은 뒤, 일정한 압력으로
탬핑하여 커피 퍽을 만든 다음 포터필터를 그룹헤드에
장착합니다.

④ 추출 압력 생성
커피머신의 추출 버튼을 누르면 내부 모터 펌프가 작동
하며, 압력 게이지의 바늘이 9바(bar)를 가리키며 추출
압력이 형성됩니다.

⑤ 추출 시작
그룹헤드를 통해 높은 압력의 뜨거운 물이 내려와 커피
퍽을 통과하고 커피의 맛과 향이 물에 녹으며 커피 추출
이 시작됩니다.

커피머신 청소, 관리하기

커피머신은 카페의 핵심 장비로 꾸준한 유지와 관리가 중요하다. 정기적인 청소와 유지 관리는
맛과 위생은 물론 커피머신의 수명과 추출 성능을 최고의 상태로 만들 수 있다.

커피머신을 청소해야 하는 이유

신선하고 맛있는 커피 추출을 위해

커피머신의 그룹헤드 내부에 커피 찌꺼
기나 오일이 쌓이면 원두의 맛을 제대로
추출하지 못해 커피에 쓴맛이나 떫은맛
이 나게 됩니다. 커피머신을 정기적으로
청소를 하면 항상 신선하고 풍미 가득한
커피를 추출할 수 있습니다.

위생적인 커피 제공을 위해

커피머신은 커피 찌꺼기, 오일, 우유 등
과 자주 접촉하게 됩니다. 이러한 물질들
이 커피머신의 그룹헤드 및 내부에 축적
되면 세균이 번식해서 장염 등을 일으킬
수 있습니다. 위생적인 커피 제공을 위해
서는 주기적인 세척이 필요합니다.

커피머신의 수명 연장을 위해

커피머신의 보일러와 내부 부품은 복잡
하게 구성되어 있으며, 뜨거운 물을 사용
하면서 이물질이나 석회질이 쌓일 수 있
습니다. 이는 장비의 마모와 부식으로 이
어지므로, 정기적인 청소와 관리로 커피
머신의 수명을 늘릴 수 있습니다.

고장을 막기 위해

커피머신 내부에 찌꺼기, 오일, 스케일
등이 쌓이면 그룹헤드가 막히거나 과열
되어 압력과 온도가 불안정해지고, 추출
과정에 문제가 생기거나 고장이 발생할
수 있습니다. 정기적인 청소를 통해 이러
한 문제를 예방할 수 있습니다.

커피머신 청소 방법

커피머신은 매일, 주간, 월간으로 청소하고, 분기별로는 상태 점검을 통해 이상 여부를 확인해야 합니다.

매일 청소

포터필터와 그룹헤드 청소
포터필터는 뜨거운 물과 전용 세제로 매일 세척하고, 그룹헤드는 전용 브러시로 내부를 청소한 후 블라인드 바스켓에 약품을 넣어 백플러싱합니다.

스팀봉과 배수 트레이 청소
스팀봉을 닦고 공중으로 스팀을 뿜어 스팀 봉 내부의 찌꺼기를 제거합니다. 배수 트레이와 물받이는 매일 세척해 잔여물이 쌓이지 않도록 합니다.

주간 청소

샤워스크린, 디퓨저, 바스켓 청소
그룹헤드의 샤워스크린, 디퓨저, 포터필터 바스켓 등을 분리한 후, 전용 세제를 푼 물에 담가 찌꺼기와 오일을 제거하고 깨끗하게 헹궈 관리합니다.

스팀봉 청소
그릇에 뜨거운 물을 넣고 전용 세정제를 풀어 스팀봉을 10분 정도 담가두어 내부에 남아 있는 우유 찌꺼기와 세균을 제거합니다.

월간 청소

가스켓과 샤워스크린 점검 및 교체
가스켓이 딱딱하게 굳어 있지 않은지 확인하고, 샤워스크린의 망이 찢어지거나 구멍이 막히지 않았는지 점검합니다. 이상이 발견되면 부품을 구입해 즉시 교체합니다.

정수필터 점검 및 교체
물에서 이상한 맛이나 냄새가 나거나, 물의 흐름이 약해지고 거품이 생기며 커피머신의 물 흐름과 압력이 저하되면, 정수필터에 문제가 있을 수 있으므로 점검 후 교체합니다.

Barista's Tips

커피머신의 위생과 성능을 유지하는 백플러싱

백플러싱은 커피 추출 과정에서 쌓인 커피 오일과 찌꺼기 등의 잔여물을 제거하기 위해 그룹헤드 내부 배관을 청소하는 과정을 말합니다. 블라인드 바스켓에 전용 세척제 2~3g을 넣고, 자동 세척 기능을 이용해 세척한 후 깨끗한 물로 충분히 헹궈 잔여 세제를 완전히 제거하면 됩니다.

커피 추출의 필수 장비, 그라인더

그라인더는 원두를 일정한 크기로 분쇄하는 장비로 커피 추출에서 매우 중요한 역할을 한다.
어떤 그라인더를 사용하고 있는가에 따라 커피의 품질과 맛이 달라진다.

그라인더의 분류

원두 분쇄에 사용되는 그라인더는 크게 가정용과 상업용으로 나눌 수 있습니다. 가정용 그라인더는 손으로 분쇄하는 수동 그라인더와 전기를 사용하는 블레이드 그라인더로 구분되며, 각각의 용도에 맞게 선택할 수 있습니다. 상업용 그라인더는 에스프레소 추출을 위해 정밀한 분쇄를 제공하는 그라인더와 드립 커피 또는 대량 분쇄를 위한 대형 상업용 그라인더로 구분됩니다.

가정용 그라인더

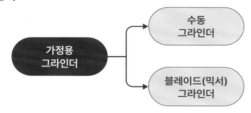

상업용 그라인더

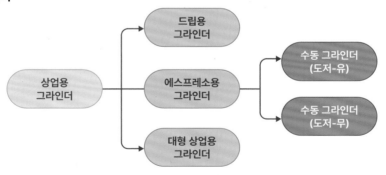

상업용 그라인더 이름 뒤에 있는 숫자는 대부분 버의 크기를 말해요.

커피 추출에서 분쇄 입자의 크기는 맛에 큰 영향을 미치므로, 매장에서는 고품질 상업용 그라인더를 사용하는 것이 중요해요.

가정용 그라인더

가정용 그라인더는 손으로 돌려 원두를 분쇄하는 수동 그라인더인 핸드밀과, 믹서처럼 작동하여 원두와 곡물도 분쇄할 수 있는 블레이드 그라인더로 나뉩니다.

수동 그라인더

핸드밀은 크기가 작고 휴대가 간편하며 소음이 적은 그라인더로, 균일한 분쇄가 가능해 원두의 향미를 잘 유지합니다. 그러나 손으로 직접 분쇄해야 하므로 시간이 오래 걸리고 힘이 들며 분쇄량이 제한적입니다.

장점

· 블레이드 그라인더에 비해 분쇄 크기가 균일하며, 분쇄도를 조절할 수 있습니다.

· 분쇄 과정에서 소음이 적고 열이 발생하지 않아 원두의 향미가 손상되지 않습니다.

단점

· 손으로 원두를 분쇄해야 하므로 시간이 오래 걸리고 분쇄하는 데 힘이 많이 듭니다.

· 한 번에 분쇄할 수 있는 원두의 양이 제한적입니다.

블레이드 그라인더

저렴하고 휴대가 간편하며 간단한 조작으로 원두를 분쇄할 수 있습니다. 칼날 방식으로 입자 크기가 균일하지 않고 소음과 열이 발생하여 원두의 향미가 손상될 수 있으며 분쇄도 조절이 어렵습니다.

장점

· 작고 휴대가 간편하며 버튼만 누르면 쉽게 원두를 분쇄할 수 있습니다.

· 원두뿐만 아니라 견과류 등 다른 곡물류도 분쇄가 가능합니다.

단점

· 칼날로 분쇄하는 방식이어서 입자 크기가 균일하지 않고 분쇄도 조절이 어렵습니다.

· 균일한 맛을 내기 어렵고 소음이 크며 열이 발생해 원두의 향미가 손상될 수 있습니다.

상업용 그라인더

상업용 그라인더는 도저가 달린 수동 그라인더, 도저가 없는 자동 그라인더, 대용량 전동 그라인더로 크게 나뉩니다. 요즘 매장에서는 도저가 없는 자동 그라인더를 가장 많이 사용하고 있습니다.

도저가 달린 수동 그라인더

일정량의 원두를 포터필터에 담아 균일한 에스프레소 추출이 가능하지만 정확도가 완벽하지는 않습니다. 최근에는 정량 분배가 가능한 자동 그라인더가 주로 사용되면서 점차 사용이 줄고 있습니다.

장점

· 분쇄된 원두를 도저에 담아 도저 핸들로 일정량의 원두를 분배할 수 있습니다.

· 다양한 용도에 맞게 분쇄도와 원두 양을 조절할 수 있습니다.

단점

· 추출 방식이 변경되면 도저에 남아 있는 원두는 분쇄도가 달라 사용할 수 없습니다.

· 미리 원두를 분쇄해 놓기 때문에 시간에 따라 원두의 신선도가 떨어질 수 있습니다.

도저가 없는 자동 그라인더

버튼만 누르면 원두를 바로 분쇄할 수 있어 원두 낭비를 줄일 수 있습니다. 가격이 비싸고 관리가 번거로우며 소음이 크지만, 사용이 편리하고 정량 분배가 가능해 최근 많이 사용되고 있습니다.

장점

· 주문 즉시 원두를 분쇄하여 커피를 추출하기 때문에 신선함이 유지됩니다.

· 도저가 없어 위생 관리가 쉽고, 유지 관리에 드는 시간이 줄어듭니다.

단점

· 주문 시마다 원두를 분쇄하므로 대량 주문 시 대기 시간이 길어집니다.

· 분쇄량이 한 잔 또는 두 잔으로 설정되어 있어 다른 용도로 사용하기 어렵습니다.

범용 전동 그라인더

다양한 추출 방식에 맞게 분쇄도를 조절할 수 있으며, 조정 시 원두 낭비가 없습니다. 견고한 구조로 안정적인 분쇄가 가능하지만, 가격이 매우 비싸고 크기가 크며 순간적인 전기 소모량이 많습니다.

장점

· 추출 방식으로 변경할 경우 다이얼을 돌려 분쇄도를 쉽게 조정할 수 있습니다.

· 강력한 모터와 견고한 구조로 안정적이며, 분리형 구조로 되어 있어 청소와 유지 관리가 쉽습니다.

단점

· 가격이 매우 비싸며, 크고 무겁기 때문에 공간이 제한된 곳에서는 설치가 어렵습니다.

· 많은 전기를 소모하며, 고장 시 수리 시간이 오래 걸리고, 소음이 매우 큽니다.

대형 상업용 전동 그라인더

많은 양을 한 번에 분쇄해도 그라인더의 온도가 올라가지 않아 원두의 품질에 영향을 미치지 않기 때문에 원두를 대량 분쇄할 때 사용합니다. 크기가 크고 무거워 작은 공간에는 설치가 어렵습니다.

장점

· 고출력 모터와 큰 호퍼 용량으로 많은 양의 원두를 빠르게 분쇄할 수 있습니다.

· 균일한 크기의 분쇄가 가능하며, 장시간 사용에도 발열이나 성능 저하 없이 안정적으로 작동합니다.

단점

· 크기와 무게가 커서 작은 공간에는 설치하기 어려우며 작동 시 소음이 매우 큽니다.

· 고성능일수록 가격이 비싸 초기 투자 비용이 부담될 수 있습니다.

커피 맛이 달라지는 그라인더 날의 종류

그라인더의 '버(Burr)'는 원두를 분쇄하는 가장 중요한 부품으로
디자인과 소재, 크기에 따라 분쇄도 조절, 분쇄 일관성, 그리고 커피 맛에 큰 영향을 미친다.

플랫 버 Flat Burr

플랫 버는 **두 개의 평평한 디스크 모양의 날이 서로 마주 보며 회전하는 방식으로 작동**합니다. 두 날 사이의 간격을 조절하여 분쇄도를 설정할 수 있으며, 원두가 날을 통과하면서 균일하게 분쇄됩니다. 평면형 구조 덕분에 원두가 날 사이를 빠르게 통과하여 짧은 시간 안에 많은 양의 원두를 효율적으로 분쇄할 수 있습니다.

옆면   윗면

장점	단점
입자의 크기가 일정하여 일관된 추출이 가능하고, 빠른 분쇄가 가능해 바쁜 카페에서도 효율적으로 사용할 수 있습니다.	장시간 사용 시 그라인더 내부에서 열이 발생하여 원두의 아로마와 향미가 손실될 수 있으며, 강한 모터로 인해 소음이 크게 발생합니다.

코니컬 버 Conical Burr

코니컬 버는 **원뿔 모양의 날들이 맞물려 원두를 분쇄**합니다. 원두가 모터와 날 사이에 오래 머물지 않기 때문에 열 발생이 적습니다. 플랫 버에 비해 분쇄 속도가 느려 향미 보존이 뛰어나며, 소음이 적고 정밀하게 분쇄할 수 있어 아로마와 향미가 중요한 드립 추출에 많이 사용됩니다.

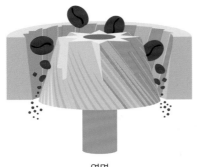

옆면

윗면

장점	단점
분쇄 입자가 균일하고 분쇄 속도가 느려 열 발생이 적어 원두의 산미와 향을 잘 살릴 수 있습니다. 분쇄 크기를 정확하게 제어할 수 있습니다.	플랫 버에 비해 분쇄 입자의 균일성이 떨어지고, 미세 입자와 굵은 입자가 혼합되어 분쇄됩니다. 대량 분쇄 시에는 비효율적입니다.

블레이드 버 Blade Grinder

블레이드 버는 주로 **저가형 그라인더에 사용되며 회전하는 칼날로 원두를 분쇄하는 방식**입니다. 믹서기와 비슷한 구조로 작동해 간단한 구조 덕분에 가격이 저렴하지만, 분쇄도를 설정할 수 없고 원두가 균일하게 분쇄되지 않아 커피 추출 시 불균형한 결과가 나올 수 있습니다.

옆면

윗면

장점	단점
가격이 매우 저렴하며 크기가 작고 휴대가 용이하며, 구조가 간단해 누구나 쉽게 사용할 수 있습니다.	입자 크기가 불규칙하게 분쇄되어 커피 맛이 일정하지 않고 추출 결과가 균일하지 않습니다.

내 카페에 맞는 그라인더 구입하기

그라인더는 원두를 추출 방법에 맞게 분쇄하여 커피를 추출하는 중요한 도구이다.
카페에서 사용할 그라인더를 고를 때는 몇 가지 중요한 요소를 고려해야 한다.

카페 창업을 위한 그라인더 구입 시 고려해야 할 사항

상업용 그라인더를 선택할 때 가장 중요한 요소는 일관된 분쇄입니다. **원두의 균일한 분쇄 크기는 커피 추출을 안정적으로 만들어 주며, 맛의 일관성을 유지하는 데 큰 역할**을 합니다. 매장에서 사용하기 위해서는 고객 수요에 맞는 분쇄 속도와 분쇄량이 중요하며, 바리스타가 편리하게 사용할 수 있어야 합니다. 또한, 견고한 구조와 내구성을 갖추어야 안정적인 사용이 가능합니다.

그라인더를 구입할 때 체크해야 할 사항

그라인더를 구입하기 전에 아래 항목들을 확인하고, 카페의 상황에 가장 적합한 그라인더를 선택하세요.

예산과 고객 수요의 적합성

☐ 카페의 컨셉에 부합하며 상권의 특성과 운영 환경에 적합한가?

☐ 호퍼 용량이 카페를 방문하는 고객의 수요에 적합한가?

☐ 예산 범위 내에서 적절한 가격에 그라인더를 구입할 수 있는가?

성능과 내구성

☐ 균일한 입자 크기로 일관되게 분쇄되고, 안정적인 성능을 제공하는가?

☐ 다양한 추출 방식에 맞춰 분쇄도를 정확하고 세밀히 조정할 수 있는가?

☐ 장시간 사용에도 발열이 적고 뛰어난 내구성을 갖추고 있는가?

사용의 편리성 및 유지 보수

☐ 소음이 과도하지 않아 손님들의 대화를 방해하지 않는가?

☐ 분해와 재조립이 간편하며 청소하기 쉬운 구조인가?

☐ 제품에 대한 서비스와 지원이 원활하며, 부품 수급은 쉬운가?

꼭 알아야 하는 그라인더의 명칭과 역할

그라인더를 제대로 활용하려면 그 명칭과 역할을 정확히 이해해야 원활하게 운영할 수 있다.
요즘은 도저가 없는 자동 그라인더의 사용이 많지만, 여기서는 수동 그라인더를 기준으로 설명하겠다.

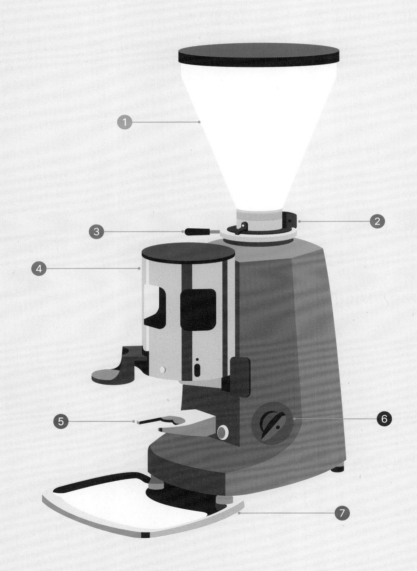

① 호퍼

원두를 보관하는 통으로 500g에서 2kg까지 담을 수 있는 크기가 있습니다. 원두의 신선도를 유지하려면 오랫동안 보관하기보다는 당일 사용할 양만큼만 담아두는 것이 좋습니다.

② 호퍼 게이트

호퍼에 있는 원두가 그라인더로 내려가는 것을 조절하는 원두 개폐장치입니다. 게이트를 닫으면 원두가 그라인더로 내려가지 않기때문에, 호퍼를 분리할 때 원두가 쏟아지지 않도록 해줍니다.

③ 분쇄 입자 조절판

분쇄된 원두의 입자 크기를 조절하는 장치로, 입자 조절판의 분쇄도 조절 노브를 돌리면 그라인더 내부의 버가 이동하거나 고정되어 원두의 분쇄도를 세밀하게 조정할 수 있습니다.

④ 도저

수동 그라인더에만 있는 부품으로 분쇄된 원두가 담기는 곳입니다. 도저 손잡이나 레버를 당기면 필요한 만큼 원두를 포터필터에 담을 수 있습니다. 수동형과 자동형이 있습니다.

⑤ 포터필터 거치대

거치대의 위치를 위아래로 조절하여 포터필터가 안정적으로 고정되도록 하고, 분쇄된 원두가 고르게 담길 수 있게 합니다. 보통 나사를 조정하여 위치를 설정할 수 있습니다.

⑥ 전원 스위치

전원을 켜는 스위치로, 수동 그라인더는 원두를 분쇄할 때마다 전원 스위치를 돌리지만, 자동 그라인더는 전원이 켜진 상태에서 LED 창을 누르면 설정된 시간에 맞춰 원두가 자동으로 분쇄됩니다.

⑦ 원두 가루받이

포터필터 거치대 아래에 위치한 가루받이는 그라인딩된 원두가 포터필터에 담기면서 흘린 커피가루가 떨어지는 곳입니다. 떨어진 가루는 별도의 붓을 사용해 모을 수 있습니다.

요즘 대부분의 카페에서는 도저 없이 원하는 양을 포터필터에 바로 담을 수 있는 자동 그라인더를 많이 사용해요.

도저가 없는 자동 그라인더   도저가 있는 자동 그라인더

그라인더 청소, 관리하기

그라인더는 커피 맛과 품질에 직접 영향을 미치므로 정기적인 관리와 청소가 필수다.
정기적인 청소와 관리를 통해 그라인더의 성능을 최적화할 수 있다.

그라인더 청소와 관리 이유

신선하고 맛있는 커피 추출을 위해

그라인더를 오래 사용하면 커피가루와 찌꺼기가 그라인더 내부에 쌓여 산패가 됩니다. 이로 인해 커피 맛이 변할 수 있으므로, 정기적인 청소를 통해 항상 신선하고 맛있는 커피를 추출할 수 있습니다.

그라인더 날의 점검

배전도가 낮을수록 그라인더의 날이 빨리 무뎌집니다. 무뎌진 날은 원두가 균일하게 분쇄되지 않아 커피 맛에 영향을 미칠 수 있으므로 500~1,000kg의 원두를 분쇄한 후에는 그라인더 날을 교체하는 것이 좋습니다.

습기와 직사광선 피하기

그라인더는 습기나 직사광선을 피하고, 건조하고 서늘한 곳에 보관해야 합니다. 습기가 많은 환경에서 그라인딩을 하면 분쇄된 원두가 뭉칠 수 있습니다.

적절한 분쇄도를 관리

영업을 시작하기 전, 매일 아침 커피를 추출해 맛의 균형을 확인하고, 일정한 맛을 유지할 수 있도록 분쇄기의 입자를 조절합니다.

그라인더 청소 방법

그라인더는 매일, 주간, 월간 청소를 해야 하며 청소 주기와 방법은 사용량에 따라 달라질 수 있습니다. 꾸준한 청소와 관리는 커피 맛을 유지하고 그라인더의 수명을 연장시킵니다.

매일 청소

호퍼 청소
호퍼에 남은 원두를 완전히 비운 뒤 마른 천이나 솔로 닦아줍니다. 물로 세척할 땐 부드러운 수세미에 중성세제를 사용해 닦고, 충분히 건조시켜야 합니다.

버 안쪽 분쇄실 청소
그라인더를 사용한 후에는 청소 브러시를 사용해 그라인더 내부에 끼어 있는 커피 찌꺼기를 닦아내고, 진공청소기 등을 사용해 남은 분말을 깨끗하게 제거합니다.

주간 청소

그라인더 분해 청소
물 세척이 가능한 부품은 따로 세척한 후 충분히 건조시킵니다. 그라인더의 버 내부는 브러시와 진공청소기를 사용해 찌꺼기를 깨끗이 제거한 뒤 조립합니다.

전용 청소제 사용
'어넥스 그라인즈'와 같은 그라인더 전용 청소제를 사용하여 청소합니다. 알약 형태의 청소제가 커피 찌꺼기를 간편하고 깔끔하게 제거해 줍니다.

월간 청소

버 교체 및 점검
매달 그라인더 버의 마모 상태를 점검하고, 마모가 심하면 교체하도록 합니다. 마모 상태는 분쇄 균일성, 커피 맛의 변화, 소음 증가, 분쇄 시간 등을 통해 확인할 수 있습니다.

구석구석 깊은 청소
모든 부품을 분해하여 구석구석 청소합니다. 분해 시 각 부품의 위치와 조립 순서를 정확히 기억해야 하며, 사진으로 촬영해두면 조립 시 큰 도움이 됩니다.

Barista's Tips

청소 시 주의사항
그라인더를 청소할 때는 물 세척을 피하고, 청소제를 사용한 경우 조립 후 원두를 몇 번 갈아 청소제의 잔여물을 깨끗이 제거해야 합니다. 조립할 때는 빠진 부품이 없도록 정확하게 조립해야 작동에 문제가 생기지 않습니다.

카페 운영의 필수 장비, 제빙기

카페 운영에 필수 장비인 제빙기는 매장에서 제공하려는 음료의 스타일과 매장의 콘셉트에 따라 적합한 용량, 얼음의 크기와 모양, 그리고 제빙 방식을 고려하여 선택해야 한다.

내 카페에 맞는 제빙기 선택하기

제빙기를 선택하려면 먼저 매장에서 **하루 동안 사용할 얼음의 예상 소비량을 파악해 적절한 용량을 결정**해야 합니다. 그다음 판매할 음료에 어울리는 얼음의 크기와 모양을 선택하고, 제빙 방식의 차이를 비교한 뒤, 브랜드, 성능, AS 지원 여부 등을 종합적으로 고려해 제빙기를 선택합니다. 구입한 제빙기를 제대로 설치하려면, 설치 전에 충분한 공간, 전원, 배수 설비를 미리 확인해 안전하게 설치할 수 있도록 해야 합니다.

얼음 사용량 계산하기  ❶	얼음의 형태 고르기  ❷	냉각 방식 선택하기  ❸
제빙 속도와 에너지 효율 확인하기  ❹	설치 공간 고려하기  ❺	청소와 유지 보수의 간편성 확인하기  ❻

용량에 따라 선택하기

제빙기를 선택할 때 가장 중요한 것은 적절한 용량을 결정하는 것입니다. 아래의 기준에 따라 매장에서 사용할 얼음의 용량을 계산하여 적합한 제빙기를 고를 수 있습니다.

① 하루 얼음 사용량

매장에서 하루 동안 사용할 얼음의 양을 예상합니다. 예를 들어, 하루에 200잔의 아이스 음료를 판매한다고 가정하면, 한 잔당 사용하는 얼음의 양을 기준으로 계산하여 필요한 제빙기 용량을 산출할 수 있습니다.

② 음료 스타일

판매하려는 음료 특성에 따라 얼음이 빨리 녹는지 천천히 녹는지를 고려해 얼음 종류를 선택해야 합니다. 또한, 빙수나 슬러시 등 디저트를 판매한다면 추가 얼음 소비량도 반영해 제빙기 용량을 결정해야 합니다.

③ 계절별 수요와 예비 용량

여름철에는 겨울보다 얼음 사용량이 크게 증가하므로 용량 계산 시 계절적 수요를 고려해야 합니다. 또한, 기계 고장 등에 대비해 제빙기 용량은 20~30% 여유 있게 선택하는 것이 좋습니다.

크기에 따라 선택하기

제빙기는 하루 얼음 생산 용량에 따라 크기를 선택할 수 있으며, 30kg부터 200kg 이상까지 다양한 모델이 있습니다.

소형 제빙기 하루 30~50kg 생산

소형 카페나 작은 매장에서 주로 사용되며, 메뉴가 간단하고 하루 얼음 소비량이 적으며 설치 공간이 제한적인 경우에 적합합니다.

중형 제빙기 하루 50~100kg 생산

음료의 다양성과 매장 운영 규모를 고려할 때, 하루에 약 100잔 이상의 음료가 판매되는 중간 규모의 매장에 적합합니다.

대형 제빙기 하루 100~200kg 생산

하루 200잔 이상의 음료가 판매되는 대형 카페나 프랜차이즈 매장과 얼음이 필요한 디저트를 제공하는 매장에 적합합니다.

얼음의 크기와 모양 선택하기

제빙기는 **얼음 크기와 모양이 다양하여 음료 스타일에 맞게 선택할 수 있습니다. 브랜드마다 차이가 있으므로,** 구입 전 홈페이지에서 확인하는 것이 좋습니다.

사각 얼음

얼음의 모양이 정사각형이나 직사각형이며 크기는 대형, 중대형, 중형, 소형으로 구분됩니다. 얼음 크기에 따라 적합한 음료가 다르므로, 이를 파악한 후 구입하는 것이 중요합니다.

대형　　　　중대형　　　　중형　　　　소형

플레이크 얼음

콘 플레이크 모양의 얇고 작은 얼음으로 쉽게 부서지는 구조로 빠르게 녹습니다. 한 컵에 많은 양의 얼음이 필요한 음료에 적합하며, 디저트나 해산물 디스플레이에도 사용됩니다.

반달 얼음

큐브 얼음의 절반 크기로 얼음의 형태가 반달모양입니다. 모양 때문에 잔에 쉽게 담을 수 있고, 음료를 빠르게 차갑게 만들면서도 녹는 속도가 느립니다.

너겟 얼음

작고 둥근 모양의 얼음으로 크기가 작아 플레이크 얼음처럼 한 컵에 많은 양이 들어갑니다. 씹는 식감이 좋아 얼음을 씹는 것을 선호하는 사람들에게 인기가 있습니다.

원통형 얼음

가운데 구멍이 뚫린 원통형 모양의 얼음으로 주로 가정용 제빙기에서 볼 수 있습니다. 표면적이 넓어 크기에 비해 음료를 빠르게 차갑게 할 수 있지만, 녹는 속도도 빠릅니다.

냉각 방식에 따라 선택하기

제빙 방식은 얼음을 생산하는 방법을 말하며, 우리나라에서 사용 중인 제빙기는 크게 공랭식과 수랭식 제빙기로 나뉩니다.

공랭식 Air-Cooled

가장 많이 사용되는 제빙 방식으로, 기계 내부의 냉각 코일이 공기와 접촉하여 열을 배출하고 이 과정을 통해 얼음이 만들어집니다. **물을 아낄 수 있으며 설치가 간편하고 유지비가 낮습니다.** 그러나 수랭식보다 냉각 효율이 떨어지며, 빠르게 얼음을 생산해야 하는 곳에서는 비효율적일 수 있습니다.

수랭식 Water-Cooled

냉각수가 기계 내부의 냉각 코일을 지나면서 열을 흡수하고, 이 열을 물로 배출하여 얼음을 만드는 방식입니다. 같은 용량이라도 **공랭식보다 냉각 효율이 높고 얼음을 빠르게 생산할 수 있습니다.** 하지만 물의 사용량이 많아 운영 비용이 증가할 수 있으므로, 예산을 고려해야 합니다.

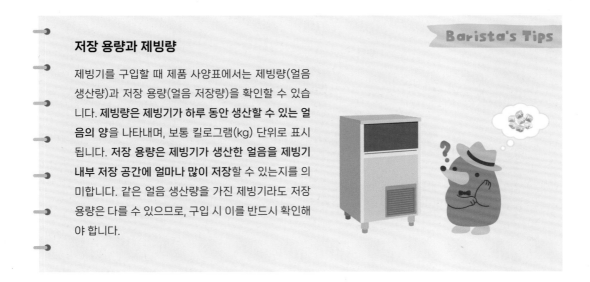

저장 용량과 제빙량

제빙기를 구입할 때 제품 사양표에서는 제빙량(얼음 생산량)과 저장 용량(얼음 저장량)을 확인할 수 있습니다. 제빙량은 제빙기가 하루 동안 생산할 수 있는 얼음의 양을 나타내며, 보통 킬로그램(kg) 단위로 표시됩니다. 저장 용량은 제빙기가 생산한 얼음을 제빙기 내부 저장 공간에 얼마나 많이 저장할 수 있는지를 의미합니다. 같은 얼음 생산량을 가진 제빙기라도 저장 용량은 다를 수 있으므로, 구입 시 이를 반드시 확인해야 합니다.

Barista's Tips

제빙기 청소, 관리하기

제빙기는 안전을 위해 전원을 끄고 청소해야 한다. 내부와 부품을 세척할 때는
중성 세제를 피하고, 식품 안전에 적합한 전용 세척제를 사용해야 한다.

제빙기 청소 방법

제빙기를 청소할 때는 안전을 위해 반드시 전원을 차단한 후 진행해야 합니다. 또한, 중성세제 사용은 피하고, 식품
안전 기준에 적합한 전용 세척제를 사용하는 것이 바람직합니다.

①

청소를 시작하기 전에 제빙기의 전원을 끄고 제빙기 내부에 남아 있는 얼음을 모두 비웁니다.

②

워터 커튼, 슬라이드망, 물받이 통, 노즐, 여과망, 배수관 등 분해가 가능한 부품은 모두 분해합니다.

③

분해한 부품은 식품 기구용 세척제를 사용하여 세척한 후 깨끗이 헹구고 물기를 제거합니다.

④

세척한 부품과 기구 등은 살균 소독제로 소독한 후 잔여액이 남지 않도록 완전히 건조합니다.

⑤

세척 소독한 제빙기 부품을 역순으로 조립하고 제빙기의 전원 버튼을 켭니다.

세척 후 처음 만들어진
얼음은 모두 폐기하고
그 다음에 생산된 얼음부터
사용하세요.

제빙기 청소 대상 및 방법

제빙기는 매일, 주간, 월간으로 청소 항목과 방법을 구분하여 관리하는 것이 좋습니다.

주기	대상	방법
매일 1회 이상	얼음 스쿱 등 기구	세척, 헹굼, 물기 제거 후 살균 소독제로 소독하고 건조합니다.
	제빙기 문, 상부 덮개 등 외부	마른행주로 먼저 닦고 살균 소독제로 문, 상부 덮개 등을 깨끗하게 닦습니다.
주 1회 이상	제빙기 내부 벽면 전부	전원을 끄고 얼음을 제거한 뒤 세척, 헹굼, 물기 제거 후 살균 소독제로 소독하고 건조합니다.
월 1회 이상	제빙기 내부 분해 가능한 부품	전원을 끄고 얼음을 제거하고 분해한 부품과 내부 벽면 등을 세척, 헹굼, 물기 제거 후 살균 소독제로 소독하고 건조합니다.

자율 점검표로 관리

제빙기는 자율 점검표를 만들어 관리하는 것이 좋습니다. 이를 통해 청소와 점검 시기를 정확하게 파악하고 원활하게 관리할 수 있습니다.

	점검내용	준수 O / 미준수 X				조치사항
		월/일	월/일	월/일	월/일	
매일 1회	제빙기 외부 세척 및 소독 여부					
	기구(스쿱 등) 세척 및 소독 여부					
	기구(스쿱 등) 별도 보관 여부					
	기구(스쿱 등) 파손 등 이상 유무 확인					
주 1회	제빙기 내부 세척, 소독여부					
월 1회	제빙기 내부 분해 가능한 부품					
상시	제빙기 먼지필터 청결 여부					

제빙기 자율 점검표 예시

빠르고 간편한 필수 장비, 온수기

온수기는 커피나 차와 같은 음료를 빠르고 간편하게 준비할 수 있게 도와주는 필수 장비이다.
뜨거운 물만 제공하는 온수기와 뜨거운 물과 정수를 같이 제공하는 온수기가 있다.

온수기는 왜 필요할까?

핫워터 디스펜서로 불리는 온수기는 카페의 필수 장비 중 하나입니다. 처음 카페를 운영하는 사장님이라면 "온수기가 정말 필요할까?"라는 의문이 들 수 있습니다. 비용 절감을 위해 가정용 온수기를 고려하기도 하지만, 이는 카페 운영에 적합하지 않습니다. 카페에서는 **아메리카노처럼 물을 많이 사용하는 메뉴의 주문이 잦아, 정수된 물을 신속하게 제공할 수 있는 온수기가 필수적**입니다. 뿐만 아니라, 온수기는 청소와 다양한 작업에도 활용됩니다.

온수기의 종류

온수기는 사용 방식에 따라 수동형과 자동형 두 가지로 나뉘며, 카페의 운영 방식에 맞는 타입을 선택하는 것이 중요합니다.

수동형

레버를 당겨 온수를 추출하는 방식으로, 정확한 양을 조절하기 어려워 커피 음료의 맛이 일관적이지 않을 수 있습니다. 자동형에 비해 가격이 저렴하여, 소규모 매장이나 비교적 한가한 시간대에 운영하는 카페에 적합합니다.

자동형

온수기에 부착된 버튼을 조작해 추출할 물의 양을 설정할 수 있습니다. 버튼을 누를 때마다 설정된 정량의 물이 일정하게 추출되므로, 바쁜 대형 카페나 프랜차이즈 매장에서 주로 사용됩니다. 가격은 높지만 효율성이 뛰어납니다.

온수기 구입 시 체크해야 할 사항

온수기를 구입할 때는 물탱크 용량, 온도 조절 기능, 그리고 사용 환경에 적합한 디자인 등을 꼼꼼히 확인하여 선택해야 합니다.

물 탱크 용량

하루 사용량을 대략 계산한 뒤, 바쁜 시간대에 물 부족이 발생하지 않도록 여유 있는 용량을 선택해야 합니다. 소규모 카페는 5리터 용량의 온수기로도 충분할 수 있지만, 음료 외 다양한 작업에도 활용되므로 10리터 이상의 온수기를 선택하는 것이 좋습니다.

온도 조절 기능

음료마다 적정 온도가 다르기 때문에 온도를 세밀하게 조절할 수 있는 제품을 선택하면 음료의 품질을 일정하게 유지할 수 있습니다. 10°C 단위로 설정 가능한 제품부터 1°C 단위로 세부 조절이 가능한 제품까지 다양하게 판매되고 있습니다.

정수 및 사용 방식

온수기는 정수필터와 연결되어 있기 때문에 냉장되지 않은 미온수를 제공하므로 별도로 정수기를 구입할 필요가 없습니다. 온수기의 사용 방식은 바쁘지 않은 소규모 카페에 적합한 수동형과 정량 추출이 가능한 자동형으로 나뉩니다.

사용 환경에 맞는 디자인과 설치 방식

온수기는 설치 공간에 맞는 디자인을 고려해 선택해야 합니다. 작은 카운터에 적합한 컴팩트형과 바쁜 매장에 적합한 스탠드형이 있습니다. 일부 제품은 정수필터가 내장되어 있어 추가 정수기를 설치할 필요가 없는 제품도 있으니 확인 후 구입하는 것이 좋습니다.

온수기는 일반적으로 커피머신과 같은 정수필터를 공유하여 물의 품질이 일정하게 유지돼요. 다만, 물 사용량과 설비 구성에 따라 제빙기와 함께 사용하는 경우도 있어요.

냉장고 선택하기

냉장고는 카페에서 사용하는 다양한 식재료, 음료 재료, 디저트 등을 신선하게 보관하기 위해 필수적이다. 매장에서 사용할 냉장고는 스타일이나 냉각 방식에 따라 적합한 제품을 선택하면 된다.

업소용 냉장고의 종류

카페에서 사용하는 냉장고는 스탠드형 냉장고와 테이블형 냉장고로 나뉩니다. 음료를 별도로 판매하는 경우에는 리치인 냉장고를 사용하는 경우도 있습니다.

스탠드형 냉장고

업라이트 냉장고라고 부르며 세로로 긴 형태의 냉장고로 문을 열면 여러 층의 선반이 있는 구조입니다. 공간을 절약할 수 있고 재료를 꺼내기가 쉬워 주로 음료나 소량의 재료를 보관하는 데 사용됩니다. 냉장고의 크기를 구분할 때 '박스' 단위로 구분합니다.

> 냉장고는 메탈과 올스텐 재질 중에서 선택할 수 있고, 온도 조절 방식은 디지털식과 터치식이 있어요.

30박스 냉장고   45박스 냉장고   65박스 냉장고

Barista's Tips

스탠드형 냉장고의 사이즈

시중에서 판매 중인 스탠드형 냉장고의 크기는 다음 네 가지가 가장 일반적입니다.

- 25박스(655×800×1900mm)
- 30박스(850×750×1900mm)
- 45박스(1260×800×1900mm)
- 65박스(1900×800×1900mm)

테이블형 냉장고

테이블 밑에 있는 낮은 형태의 냉장고로 재료를 쉽게 꺼내 쓸 수 있어 주방 공간 활용에 효율적입니다. 좁은 주방에 적합하며 단문형, 양문형, 냉동, 냉장 타입으로 선택할 수 있고 필요한 형태로 주문 제작도 가능합니다.

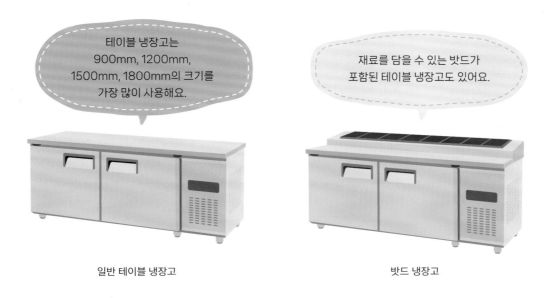

테이블 냉장고는 900mm, 1200mm, 1500mm, 1800mm의 크기를 가장 많이 사용해요.

재료를 담을 수 있는 밧드가 포함된 테이블 냉장고도 있어요.

일반 테이블 냉장고   밧드 냉장고

리치인 냉장고

문을 열자마자 냉장고 내부 선반에 손이 바로 닿는 형태로 편의점 냉장고와 비슷합니다. 스텐드형 냉장고와 유사하지만 키가 높고 저장 용량이 더 큽니다. 음식점이나 대형 카페에서 많이 사용하고 있습니다.

워크인 냉장고

대형 식당이나 호텔에서 대량의 식재료를 보관하기 위해 창고 같은 형태의 저장 공간을 사용합니다. 내부 공간이 넓어 많은 양의 재료를 보관할 수 있지만, 설치와 관리 비용이 많이 듭니다.

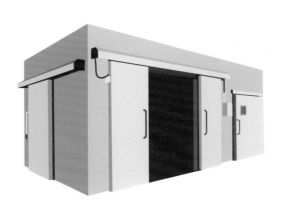

냉장고의 냉각 방식

냉장고의 냉각 방식은 크게 직냉식과 간냉식으로 나눌 수 있으며, 용도와 설치 환경에 따라 적합한 방식으로 선택할 수 있습니다.

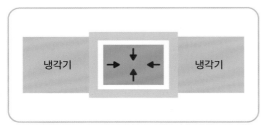

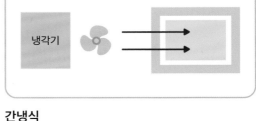

직냉식

냉각 코일이 냉장고 내부에 설치되어 있어 냉기가 내부에 직접 퍼지는 방식입니다. 냉기의 분포가 고르지 않고, 냉기 순환이 원활하지 않아 위치에 따라 냉각 성능이 달라질 수 있습니다. 구조가 간단하고 에너지 소비가 적어 경제적이지만 서리가 잘생겨 주기적인 관리가 필요합니다.

간냉식

냉각 팬이 차가운 공기를 고르게 순환시켜 냉장고 내부 전체를 균일하게 냉각하는 방식입니다. 이 방식은 내부가 고르게 차가워져 냉각 효율이 높고, 서리가 생기지 않아 관리가 용이합니다. 그러나 직냉식보다 가격이 비싸고, 에너지 소비가 많으며, 내부 습도가 낮아 음식이 건조해질 수 있습니다.

냉장고 선택하는 방법

Barista's Tips

주방 공간과 레이아웃을 고려해 냉장고의 배치를 계획합니다. 보관할 식재료의 양과 사용 목적에 맞는 크기를 선택한 뒤, 서리 발생 여부나 온도 조절의 필요성에 따라 적절한 냉각 방식을 갖춘 냉장고를 고릅니다.

알면 돈 버는 커피 바 설계 비법

커피 바는 카페 운영의 핵심 공간으로, 음료가 제작되고 커피머신과 필수 장비들이 배치된다.
또한, 고객에게는 매력적인 공간이어야 하므로 카페 인테리어에서 커피 바 디자인은 매우 중요하다.

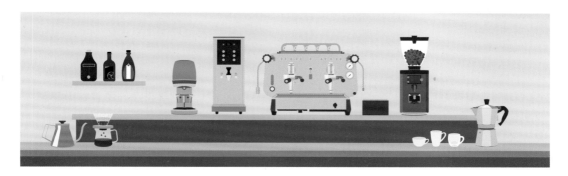

커피 바 디자인 시 고려해야 할 요소

커피 바는 **음료를 만드는 공간으로, 상하수도와 전기 설비가 모두 집중된 중요한 곳**입니다. 따라서 사용자의 동선을 고려하고, 여러 가지 장비가 효율적으로 배치되도록 설계해야 합니다.

작업 흐름과 동선을 고려한 레이아웃

커피 바는 커피머신, 그라인더 등 필수 장비를 효율적으로 배치해 바리스타의 동선을 최소화해야 합니다. 커피 추출, 우유 스티밍, 음료 제조 구역을 구분하면 혼잡함이 줄고 효율성을 높일 수 있습니다. 이렇게 하면 여러 명의 바리스타가 동시에 작업해도 원활한 운영이 가능합니다.

고객 경험을 고려한 디자인

오픈형 커피 바는 고객이 바리스타의 커피 추출 과정을 직접 볼 수 있어 흥미로운 경험을 제공하며, 카페의 전문성을 강조하고 브랜드 신뢰도를 높이는 데 효과적입니다. 또한 커피 바 근처에 편안한 대기 공간을 마련해 고객이 음료를 기다리며 쉴 수 있도록 하면 더욱 좋은 인상을 줄 수 있습니다.

제공할 서비스와 메뉴에 따른 필수 사항 검토하기

커피 바를 제작하기 전에 제공할 메뉴와 테이크아웃 및 셀프 서비스와 같은 서비스 방식을 결정합니다. 그 후, 바 위에 올려지는 커피머신, 그라인더, 온수기 등과 바 아래에 위치할 냉장고 및 제빙기 등을 고려합니다. 이후 전기와 설비 조건을 점검하고, 원활한 운영을 위한 수납공간 계획도 세웁니다.

커피 바의 실제 제작 시 고려할 사항

커피 바를 제작할 때는 **카페 전체 인테리어 컨셉과 조화를 이루는 디자인을 추구하면서, 사용 편의성과 커피 장비 설치를 위한 설비 요건도 충분히 고려**해야 합니다.

전면 디자인과 마감 재료

카운터 전면 디자인은 카페의 컨셉과 제공할 서비스를 잘 표현하고, 전체 인테리어와 조화를 이루어야 합니다. 나무, 금속, 대리석, 패브릭, 유리, 아크릴 등 다양한 마감재를 활용할 수 있으며, 시공 방식, 비용, 소요 시간을 고려해 적합한 재료를 선택합니다. 카페의 스타일에 어울리는 소재를 선택하면 공간과의 조화가 더욱 잘 이루어집니다.

상판 마감 재료

상판은 음료와 메뉴를 만들 때 자주 사용되므로 위생 관리가 매우 중요합니다. 따라서 청소와 관리가 쉬운 스테인리스, 인조 대리석 등을 사용하는 것이 좋습니다. 디자인 컨셉이나 예산으로 인해 목재를 사용해야 한다면, 오염 방지와 방염 처리를 반드시 하고, 주기적인 청소와 유지 관리를 통해 목재의 내구성과 미관을 유지할 수 있도록 합니다.

내부 마감 재료 및 설비 구성

커피 바 아래에는 냉장고, 제빙기, 식기세척기 등 다양한 장비가 설치되므로 내구성이 강하고 위생적인 스테인리스 소재가 적합합니다. 또한 이동 동선, 전기 용량, 상하수도 등 설비 조건을 고려해 구성하면 추가 공사로 인한 불필요한 비용을 줄일 수 있습니다. 설계와 시공은 전문가와 협의하여 계획하는 것이 중요합니다.

Barista's Tips

효율적인 커피 바의 제작 방법

- **금속 골격과 마감재** : 금속으로 골격을 제작한 후 목재를 덧대고, 타일, 석재, 금속, 패브릭 등의 마감재로 시공합니다. 내구성이 뛰어나고 마감 품질이 우수하지만, 공정이 복잡하고 디테일이 요구되며 비용과 시간이 많이 소요됩니다.

- **목재로 제작** : 컨셉상 목재를 사용해야 한다면, 비용과 시간이 많이 소요되는 현장 제작보다는 가구 업체에 의뢰해 제작하는 것이 효율적입니다. 이때 내부는 철재, 전면부는 목재로 구성해 내구성을 강화할 수 있습니다.

- **스테인리스 모듈** : 최근에는 내구성과 위생성이 뛰어난 스테인리스를 활용해 냉장고, 싱크대 등 기능성 모듈을 추가한 맞춤형 바를 제작하는 추세입니다. 공장에서 제작 후 현장에서 조립하는 방식으로 공사 기간을 단축할 수 있지만, 제작 비용은 상대적으로 높습니다.

실전 커피 바 설계 가이드

커피 바는 바리스타의 주요 작업 공간이므로, 장시간 근무 시 피로를 줄일 수 있도록 효율적인
동선을 고려해야 한다. 또한, 설치할 장비의 크기와 사양을 미리 파악하면 인테리어 작업이 수월해진다.

커피 바의 크기

커피 바의 크기는 **카페의 규모, 메뉴 구성, 예상 작업량, 바리스타 수에 따라 달라집니다.** 소형 카페는 바 길이가
1.5~2m가 적당하며, 중형 카페는 2.5~4m, 대형 카페는 4m 이상의 넓이가 필요합니다. 작업 공간은 바리스타 한
명당 최소 80~100cm의 폭이 필요하고, 두 명 이상이 작업할 경우 동선이 겹치지 않도록 충분한 여유 공간을 확보
해야 합니다.

커피 바의 길이, 높이, 깊이

• 길이

커피 바의 길이는 커피머신, 그라
인더, 온수기, 넉박스, 피처 린서 등
다양한 장비와 도구를 배치해야 하
므로 최소 1500mm 이상이어야
합니다. 또한, 결제용 포스기나 추
가 장비가 필요하다면 더 길게 설
계하는 것이 좋습니다.

• 높이

커피 바의 높이는 바리스타의
허리 높이와 탬핑을 고려하여
850~900mm가 적당합니다. 지
나치게 높거나 낮으면 장시간 근무
시 피로를 유발할 수 있으므로, 작
업 효율성을 고려하여 적당한 높이
로 제작해야 합니다.

• 깊이

커피 바의 깊이는 가장 큰 장비인
커피머신을 기준으로, 탬핑, 음료
제조 및 기타 작업 공간을 포함해
최소 850mm 이상이어야 합니다.
피처 린서나 다른 기구를 추가로
사용해야 한다면, 커피 바는 더 깊
어지게 됩니다.

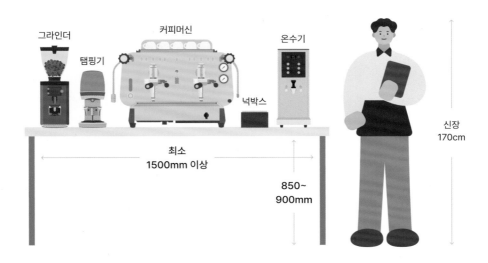

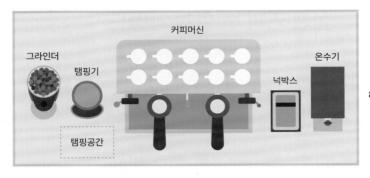

커피머신

그라인더

탬핑기

온수기

넉박스

탬핑공간

최소 850mm 이상

최소 1500mm 이상

커피 바의 하단 활용

커피 바 아래 공간은 테이블 냉장고, 제빙기, 수납공간 등을 설치해 효율적으로 활용해야 합니다. 냉장고는 커피 바의 크기에 맞게 선택하되, A/S를 고려해 여유 공간을 확보합니다. 제빙기는 최대 50kg 용량까지 설치가 가능하며, 그보다 큰 용량은 별도의 공간에 배치해야 합니다. 인테리어 담당자와 카페의 콘셉트 및 사용 장비에 대해 충분히 논의하면 설계, 시공, 설치 과정이 더욱 원활하게 진행됩니다.

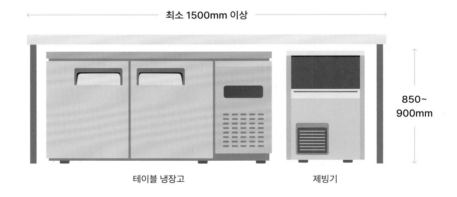

최소 1500mm 이상

850~ 900mm

테이블 냉장고

제빙기

바 테이블을 설계할 때 외경을 기준으로 설계하면 냉장고나 제빙기 설치에 어려움이 있을 수 있으므로, **항상 내경을 기준으로 설계**해야 해요.

작업이 편해지는 커피머신 배치 방법

커피 바의 핵심 장비인 커피머신은 바리스타의 작업 효율성과 사용 편의성을 높이기 위해 커피 바의 중심부 또는 음료 제작의 주요 동선에 배치해야 합니다.

커피머신의 배치는 작업 순서대로

커피머신은 바리스타의 주요 도구이므로, 바리스타가 작업 중 쉽게 접근할 수 있는 위치에 배치합니다. 그라인더, 온수기, 자동 탬핑기, 넉박스, 탬퍼 등 **자주 사용하는 장비와 도구는 한곳에 모아 가까운 거리에 배치하고, 탬핑, 추출, 음료 준비 등의 작업을 효율적으로 할 수 있도록 설계**해야 합니다. 또한, 음료 제작 과정을 기준으로 작업 흐름을 정리하고, 순서에 따라 장비와 작업 공간을 배치하면 효율성을 높일 수 있습니다.

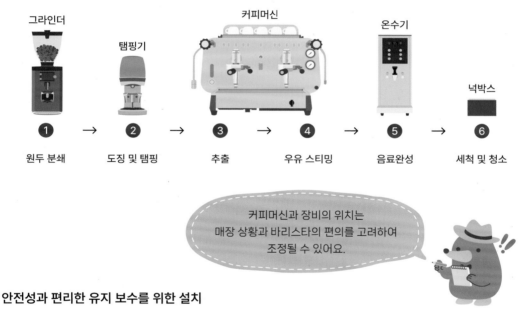

그라인더	탬핑기	커피머신		온수기	넉박스
①	②	③	④	⑤	⑥
원두 분쇄	도징 및 탬핑	추출	우유 스티밍	음료완성	세척 및 청소

> 커피머신과 장비의 위치는 매장 상황과 바리스타의 편의를 고려하여 조정될 수 있어요.

안전성과 편리한 유지 보수를 위한 설치

커피머신은 바리스타의 안전을 고려하여 설치해야 하며, 습기로 인한 손상을 방지하고 유지 보수가 편리하도록 충분한 공간을 확보하는 것도 중요합니다.

• 안전성 고려

커피머신은 높은 온도를 다루는 기계이므로 바리스타가 안전하게 작업할 수 있도록 해야 하며, 과열되지 않도록 환기와 열 방출을 고려하여 배치해야 합니다.

• 전원과 급수·배수 위치

커피머신은 커피 추출과 세척을 위해 전기, 급수, 배수 연결이 필요하므로, 커피 바는 이를 쉽게 연결할 수 있는 위치에 설치해야 합니다.

• 기기와 기기 간의 간격 확보

커피머신, 그라인더, 온수기 등 주요 장비는 적절한 간격을 두고 배치해야 하는데, 간격이 좁으면 커피 추출, 청소, 수리 등 작업이 불편해질 수 있습니다.

커피머신과 제빙기 설치를 위한 설비

커피머신이나 제빙기를 설치하려면 전기, 급수, 배수 설비가 필요하다.
설비가 제대로 갖춰져야 원활한 설치는 물론 카페 운영 시에도 편리하고 안전하게 사용할 수 있다.

커피머신의 전면 설치와 후면 설치

커피머신은 설치 위치에 따라 급수, 배수 등의 설비가 달라지며, 매장의 분위기에도 영향을 미칩니다. 커피머신이 고객이 보게 되는 전면에 설치하거나, 뒤쪽에 배치하는 후면 설치로 나눌 수 있습니다. 일반적으로 전면 설치가 선호되는데 이는 바리스타가 고객과 아이컨택을 할 수 있고, 음료 제조 과정이나 지저분한 모습이 보이지 않기 때문입니다. 후면 설치는 음료 제조 후 지저분한 상태가 바로 보이기 때문에 항상 청결을 유지해야 하지만, 공간 확보나 설비 측면에서는 더 편리합니다.

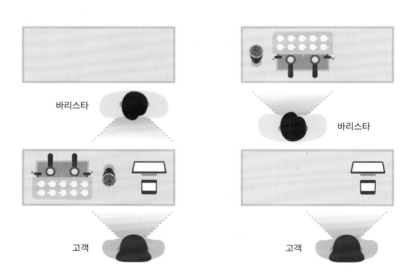

커피머신과 제빙기 설치를 위한 배수

커피머신과 제빙기는 오수와 냉각수 처리를 위한 배수 시설이 반드시 필요합니다. 배수가 원활하지 않으면 물이 역류하거나 고여 고장과 위생 문제가 발생할 수 있습니다. 이들 기기의 배수는 위에서 아래로 흐르는 자연배수가 가장 이상적이므로, 제빙기의 배수관 연결 부위보다 배수관 위치가 낮아야 합니다. 커피머신과 제빙기의 배수관은 별도로 사용하는 것이 좋지만, 상황에 따라 하나의 배수관을 함께 사용해도 문제는 없습니다.

> 커피머신이 설치되는 테이블 하단에 배수 시설이 없으면, 물통을 사용하여 별도로 오수를 받아낼 수 있어요.

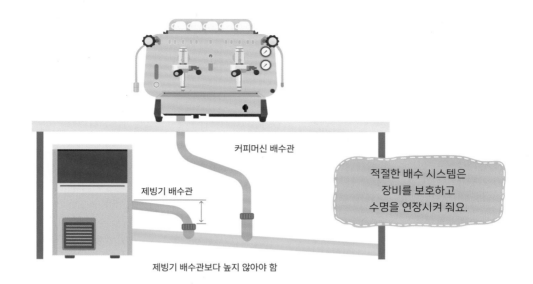

커피머신 배수관

제빙기 배수관

적절한 배수 시스템은
장비를 보호하고
수명을 연장시켜 줘요.

제빙기 배수관보다 높지 않아야 함

커피머신 설치를 위한 전기

카페에서 사용하는 상업용 커피머신 설치를 위한 전기 설비는 매우 중요합니다. 커피머신은 높은 전력 소비를 요구하므로 커피 바를 설계할 때부터 적절한 전기 설비와 안전 기준을 확인하는 것이 중요합니다.

• 단독 회로 사용

커피머신은 전력 소비가 크기 때문에 단독 차단기를 설치하고, 다른 전기 제품들과 분리된 회로에서 전원을 공급해야 과부하나 누전 위험을 줄일 수 있습니다.

• 배선과 차단기 용량

커피머신의 최대 전력 소비량을 기준으로 적적한 배선과 차단기 용량을 설정해야 합니다. 예를 들어 3kw 커피머신은 최소 20A 이상의 차단기를 필요로 합니다.

• 직결로 연결

커피머신에 사용하는 전선은 최소 4SQ(스퀘어) 이상의 굵기를 사용해야 하며, 플러그 방식이 아닌 전선끼리 직접 연결 방식으로 설치해야 합니다.

380V 75A	그라인더 220V 20A	냉장고 220V 20A	블렌더 220V 30A	온수기 220V 30A
	제빙기 220V 30A	커피머신 (1~2그룹) 220V 30A	커피머신 (3~4그룹) 220V 50A	에어컨 220V 50A

전기 배전판의 장비별 전기 용량 분배 예시

업소용 커피머신의 사양

커피 바를 설계할 때 커피머신의 사양은 매우 중요합니다. 커피머신의 크기는 매장의 규모와 컨셉에 따라 달라지므로, 아래 표를 참고하여 설계에 활용하시기 바랍니다.

구분	추출량 (1시간)	보일러 용량	전원 (60hz / 1ph)	소비전력	누전 차단기 용량 추천	크기 (WxDxH)	무게
1그룹	120컵	5~7리터	220V	1.5~3kw	20A	W:350~500mm D:500~650mm H:500~600mm	35~45kg
2그룹	240컵	10~15리터	220V	3~5kw	30A	W:350~500mm D:500~650mm H:500~600mm	55~75kg
3그룹	360컵	15~20리터	220V	5~8kw	50A	W:350~500mm D:500~650mm H:500~600mm	80~90kg

각종 장비를 사용하기 위한 콘센트 설치

커피 바에는 커피머신 외에도 다양한 장비가 설치됩니다. 특히, 모터나 열을 사용하는 제빙기, 블렌더, 그라인더, 오븐 등을 같은 누전 차단기에 연결하면, 문제 발생 시 다른 장비까지 작동이 중단될 수 있습니다. 그래서 각 장비에 따라 개별 누전 차단기를 설치하면, 문제가 생긴 장비만 제외하고 운영할 수 있게 됩니다. 전기공사 시 장비의 크기와 전기 용량을 미리 전달하면, 각 위치에 맞춰 콘센트와 누전 차단기를 적절히 설치할 수 있습니다.

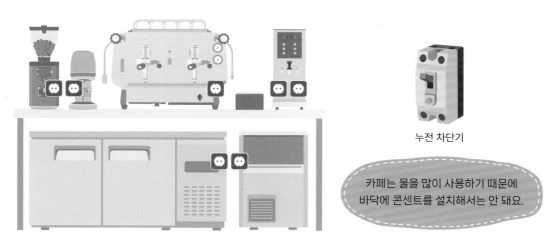

누전 차단기

카페는 물을 많이 사용하기 때문에
바닥에 콘센트를 설치해서는 안 돼요.

장비에 따른 콘센트 설치 예

초보 사장님과 초보 바리스타를 위한 카페 운영 Q&A

카페를 창업하고 운영하다 보면, 또는 바리스타로 처음 일을 시작하면 많은 궁금증이 생기기 마련입니다. 별책부록에서 다루는 질문들은 필자가 현장에서 카페 사장님들이나 바리스타들에게 자주 들었던 질문들을 정리한 것입니다. 창업을 준비하거나 바리스타 직업을 고려하는 분들이 흔히 갖는 공통적인 질문이라 특별히 다루어 보았습니다.

카페 창업 시 바리스타 자격증이 꼭 필요한가요?

바리스타 자격증은 민간 협회에서 발급하는 자격증으로, **취업이나 창업에 반드시 필요한 조건은 아닙니다. 이 자격증은 커피에 대한 기초 지식을 배운 것을 증명하는 자격증으로 커피를 깊이 배우고자 하는 사람들에게는 기초 학습의 기회를 제공**하며 학습 방향을 설정하는 데 도움을 줄 수 있습니다. 자격증 과정은 커피에 대한 기초를 다지는 데 활용하고, 실질적인 카페를 운영하는 능력 개발에 우선 순위를 두는 것이 좋습니다.

자격증의 장점과 한계

바리스타 자격증은 커피 이론, 기초 추출 방법, 머신 사용법 등을 배우며 기본 지식을 정리하는 데 도움이 됩니다. 특히 커피 업계에 처음 입문하는 사람들이 학습 방향을 잡는 데 유용합니다. 그러나 자격증 과정은 시험 준비에 중점을 두기 때문에 실무 경험이나 심화된 지식을 쌓기에는 한계가 있습니다. 따라서 자격증 과정을 통해 커피의 기본을 다지고, 현장 경험을 통해 실무 능력을 보완하는 것이 중요합니다.

자격증보다 중요한 경험과 학습

카페에서 일을 하면서 얻는 실무 경험은 창업에 있어서 가장 큰 자산이 됩니다. 다양한 음료를 만들고 고객을 응대하는 과정에서 쌓은 경험은 자격증으로 대체하기 어렵습니다. 커피에 대해서 더 많은 지식을 원한다면 자격증보다는 난이도가 있는 교육 프로그램을 고려하는 것이 좋습니다. 이외에도 커피 관련 행사나 세미나에 참석하여 업계의 최신 동향을 파악하고 다른 바리스타들과 소통하는 것도 창업과 운영에 큰 도움이 됩니다.

바리스타 학원을 선택하는 방법을 알려주세요.

바리스타 학원을 선택할 때는 **단순히 자격증 취득을 목표로 기술만 배우기보다, 커피에 대한 깊은 이해와 실무에 필요한 기술을 함께 익힐 수 있는 곳을 선택하는 것이 중요**합니다. 먼저 인터넷을 통해 학원을 검색한 후, 직접 방문하여 상담을 진행하면서 자신의 현재 상황과 목표를 충분히 공유하면, 자격증 취득 여부를 넘어 자신에게 적합한 커리큘럼을 안내받을 수 있습니다.

교육 커리큘럼

자격증 취득을 목표로 학원을 선택할 때는 이론과 실습이 잘 균형을 이루고 있는지 확인해야 합니다. 실제 커피머신과 그라인더를 사용하는 실습이 포함되어 있는지 확인하고, 커피의 기본을 배우며 자격증을 취득할 수 있는지 살펴보세요.

현장 연계 프로그램

일부 학원에서는 협력 카페를 통해 현장 실습을 제공하기도 합니다. 이런 실습 기회를 통해 실무 경험을 쌓을 수 있다면 더 유익할 것입니다. 또한, 학원이 취업 연계 프로그램을 운영하는지 확인해 보세요. 수료 후 카페나 커피 관련 업체에 취업할 수 있는 기회를 제공하기도 합니다.

수업 방식과 학습 분위기

학원의 교육 방식이 학습자의 수준에 맞춰져 있는지 확인해보세요. 예를 들어, 초보자와 경험자를 위한 맞춤형 교육이 제공되는 학원은 학습 효과가 높을 수 있습니다. 실제 수강생들이 수업에 만족했는지, 배운 내용이 현장에서 도움이 되었는지 학원의 리뷰를 살펴보는 것도 도움이 됩니다.

강사진의 전문성

강사진이 실제 바리스타 경력이나 카페 운영 경험이 있는지 확인하세요. 강사의 경력이 풍부할수록 다양한 실무 노하우를 전수받을 수 있습니다. 강의 경험이 많은 강사일수록 가르치는 방법이 체계적이며, 학습 효과가 높을 가능성이 큽니다.

교육 기간과 비용

본인 상황에 맞는 교육 기간을 선택하세요. 학원의 교육 과정에는 단기 집중반, 장기반 등 다양한 옵션이 있으니, 비용과 커리큘럼, 실습 기회를 비교해 가성비 좋은 학원을 선택하세요. 비용이 비싸다고 항상 좋은 것은 아니므로, 수강생 후기나 평판도 참고하면 학원 선택에 많은 도움이 됩니다.

시설과 장비

일부 학원은 오래된 장비를 사용하는 경우도 있으니, 학원에서 사용하는 커피머신과 그라인더가 실제 카페에서 사용하는 장비와 비슷한지 확인하세요. 또한, 충분한 장비로 실습 환경을 제공하는지 살펴보세요. 수강생이 많거나 장비가 부족하면 실습 기회가 제한될 수 있습니다.

개인 카페 vs 프랜차이즈 카페, 어떤 선택이 유리할까요?

개인 카페와 프랜차이즈 카페는 각각 장단점이 있습니다. 개성 있고 자유로운 운영을 원한다면 개인 카페가 적합하며, 카페 운영 경험이 부족하고 본사의 지원을 통해 안정적인 운영을 원한다면 프랜차이즈가 좋은 선택이 될 수 있습니다. 창업자의 목표와 상황에 따라 적합한 형태가 달라질 수 있으므로, 두 가지의 장단점을 비교하여 신중하게 결정해야 합니다.

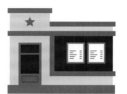

개인 카페 창업의 장단점

장점
• 메뉴, 인테리어, 브랜드 등을 자유롭게 결정할 수 있어 창업자의 아이디어와 취향 반영이 가능합니다.
• 독특한 메뉴와 트렌드에 맞는 변화를 통해 고객층을 형성할 수 있습니다.
• 프랜차이즈보다 초기 비용이 적게 들 수 있습니다. 특히, 브랜드 사용료나 로열티를 지불하지 않기 때문에 비용 부담이 줄어듭니다.

단점
• 마케팅, 브랜드 개발, 메뉴 구성 등 모든 것을 스스로 해결해야 하므로 운영에 대한 부담이 큽니다.
• 처음 시작할 때 고객 유치와 브랜드 인지도 구축이 어려울 수 있습니다.
• 브랜드 인지도가 없어 고객층이 형성되지 않았기 때문에 안정적인 수익을 내기까지 시간이 걸리게 됩니다.

프랜차이즈 카페 창업의 장단점

장점
• 고객이 알고 있는 브랜드이기 때문에 처음부터 비교적 안정적인 매출을 기대할 수 있습니다.
• 상권 분석, 메뉴 개발, 홍보 등을 지원하므로 창업자는 운영에만 집중할 수 있습니다.
• 본사에서 제공하는 매뉴얼과 교육을 통해 초보 창업자도 쉽게 운영할 수 있습니다.

단점
• 가맹비, 보증금, 인테리어 비용 등 초기 창업 비용이 높고, 로열티를 지불해야 합니다.
• 메뉴, 인테리어, 가격 책정 등 본사의 규정에 따라야 하므로 창의적이고 유연한 운영이 어렵습니다.
• 같은 브랜드의 프랜차이즈가 여러 곳에 있으면 경쟁이 치열해질 수 있습니다.

창업 선택 시 고려할 요소

• 상권 분석을 통해 위치와 고객층을 파악한 후, 프랜차이즈 카페와 개인 카페 중에서 선택하는 것이 중요합니다.
• 초기 자본이 충분하면 프랜차이즈 창업이 유리할 수 있지만, 자본이 부족하거나 독창적인 카페를 원한다면 개인 카페 창업을 고려하는 것도 좋은 선택입니다.

카페 창업 후 얼마나 빨리 수익을 낼 수 있을까요?

창업의 가장 큰 목적은 수익을 얻는 것입니다. 카페 창업에 사용된 비용을 제외하고 언제부터 수익이 생길지 궁금한 것은 자연스러운 일입니다. **수익을 내기까지는 여러 요인에 따라 달라지지만, 보통 6개월에서 1년 정도** 걸릴 수 있습니다. 수익은 다양한 요소에 영향을 받으며, 얼마나 빨리 수익을 낼 수 있을지는 창업자의 준비와 전략에 따라 달라질 수 있습니다.

위치

유동 인구가 많은 지역이나 상업 중심지, 대학교 근처, 사무실 밀집 지역 등은 고객 유입이 많아 빠른 수익을 기대할 수 있습니다. 이를 위해 경쟁 카페들의 가격, 메뉴, 서비스 등을 분석해 차별화 요소를 마련하는 것이 중요합니다.

운영 효율성

과잉 인력을 피하고 바쁜 시간대에는 인력을 충분히 배치해 서비스 품질을 유지합니다. 재고는 적정 수준으로 관리하여 낭비를 줄여 원가를 절감해야 합니다. 자주 사용하지 않는 재료나 기계는 최소화하여 관리하고, 이를 통해 수익을 높입니다.

고객 서비스와 경험

직원들의 친절하고 빠른 서비스는 고객 만족도를 높여 입소문이 나 재방문을 하게 합니다. 또한, 카페의 분위기, 인테리어, 음악 등으로 아늑하고 쾌적한 환경을 제공하면 고객이 더 오래 머무르고 자주 방문하게 만드는 중요한 요소가 됩니다.

메뉴와 가격 전략

고객층에 맞는 메뉴 구성이 중요합니다. 학생층은 저렴하면서도 맛있는 메뉴를, 직장인층은 빠르고 간편한 메뉴가 좋습니다. 가격이 너무 높거나 낮으면 수익성에 영향을 미칠 수 있으므로, 원가와 경쟁력을 고려한 적절한 가격 책정이 필요합니다.

마케팅과 홍보

소셜 미디어를 활용한 마케팅은 비용이 적게 들고 효과적이므로 정기적으로 게시물을 올리고 고객과 소통하여 충성 고객을 형성합니다. 기념 이벤트, 한정 할인, 멤버십 프로그램 등을 통해 고객을 유치하고 재방문을 유도하는 것도 중요합니다.

초기 투자 비용

좋은 위치, 넓은 공간, 고급 장비, 그리고 고급스러운 인테리어 등 초기 투자 규모가 크면 더 많은 고객을 유치할 가능성이 높아집니다. 그러나 초기 투자 비용이 많이 들수록 자본을 회수하는 데 더 오랜 시간이 걸릴 수 있습니다.

어떤 위치에서 카페를 오픈하면 성공할 확률이 높을까요?

매장 위치를 선택할 때는 상권과 유동 인구를 꼼꼼히 분석하는 것이 중요합니다. 사람이 많은 지역은 창업에 매력적이지만 임대료가 높을 수 있으며, 반대로 유동 인구가 적은 지역은 임대료가 낮다는 장점이 있습니다. 따라서 **창업의 목적과 카페의 콘셉트를 고려한 후, 예산에 맞는 위치를 선택**해야 합니다. 창업 전에 지역 특성과 타겟 고객을 잘 파악하면 경쟁력을 높이고 성공적인 운영이 가능해집니다.

상권 분석

상권 분석은 매장을 오픈할 지역의 환경과 사람들의 이동 흐름을 알아보는 일입니다. 이를 통해 해당 지역의 분석이 가능하므로 꼼꼼히 확인해야 합니다.

중심 상권 도심지 및 번화가

도심의 중심 상권은 유동 인구가 많고, 다양한 연령층과 직업군이 혼재되어 있습니다. 주로 사무실, 쇼핑몰, 학원 등이 밀집해 있어 직장인, 학생, 관광객 등 다양한 고객층을 타겟으로 할 수 있습니다. 하지만 임대료가 높고 경쟁이 치열하다는 점도 고려해야 합니다.

주거 상권 주택가 및 아파트 단지 주변

주거 상권은 주택가 주변에 형성되며, 가족 단위와 지역 주민이 주요 고객층입니다. 아침과 저녁 시간대와 주말에 이용률이 높고, 편안한 분위기와 단골 확보가 중요합니다. 중심 상권에 비해 임대료는 낮은 편이지만 유동 인구가 적고 매출 변동이 있을 수 있습니다.

오피스 상권 업무 지구 및 상업 단지

오피스 상권은 사무실과 회사가 밀집한 지역으로, 직장인이 주요 고객층입니다. 평일 출근 시간, 점심시간, 퇴근 시간대에 유동 인구가 많아 간편하고 빠른 메뉴가 인기입니다. 주로 출근 시간과 점심시간대에 매출이 높으며, 주말이나 공휴일에는 매출이 줄어들고 임대료도 높은 편입니다.

대학가 상권 학교 및 학원가 주변

대학가 상권은 학생과 교직원이 주요 고객층으로, 저렴한 가격과 가성비 좋은 메뉴를 선호합니다. 학기 중에는 유동 인구가 많고 매출이 증가하지만, 방학 기간에는 매출이 감소합니다. 트렌디한 메뉴와 젊은 감각의 인테리어가 효과적이며, 경쟁이 치열한 경우가 많습니다.

유동 인구 분석

유동 인구 분석은 특정 지역을 오가는 사람들의 수와 특성을 파악하는 것이며 이는 매출에 직접적인 영향을 미칩니다. 이 분석을 통해 매장의 입지와 운영 전략을 최적화할 수 있습니다.

시간대별 유동 인구 파악

시간대마다 이동하는 사람들의 수를 분석하는 과정으로 출근 및 점심 시간대에는 오피스 상권이 활발하게 움직이며, 주거 상권은 주말과 평일 저녁 시간대에 더 많은 인구가 움직입니다. 이를 통해 매장의 운영 시간과 메뉴 특성, 직원 배치 등을 효과적으로 조정할 수 있습니다.

고객 동선 분석

고객 동선 분석은 사람들이 특정 상권 내에서 이동하는 경로와 패턴을 파악하는 과정입니다. 이를 통해 고객이 자주 다니는 경로, 특정 지점에 모이는 패턴 등을 확인할 수 있습니다. 고객 동선 분석은 매장의 위치 선정, 인테리어, 마케팅 등에 유용하게 활용됩니다.

연령대별 특성 분석

상권별 주요 연령대를 파악하여 메뉴, 인테리어 스타일, 서비스를 조정하는 과정입니다. 20~30대는 트렌디한 메뉴와 독특한 인테리어, 빠른 서비스를 선호하고, 30~40대는 편안한 분위기와 고품질 음료를 중요시합니다. 이를 바탕으로 메뉴 구성과 마케팅 전략을 최적화할 수 있습니다.

타겟 고객층 설정

타겟 고객층 설정은 매장을 운영할 지역과 고객의 특성을 고려하여, 주요 대상 고객층을 결정하는 과정입니다.

직장인

빠르고 효율적인 서비스를 선호하며, 아침과 점심시간을 잘 활용해야 합니다. 간편하게 즐길 수 있는 커피와 간단한 식사 메뉴가 적합합니다.

주부 및 가족 단위 고객

주거 상권에서는 아이들을 위한 메뉴와 공간을 마련하고, 고객들이 편안하게 쉴 수 있는 분위기를 만드는 것이 중요합니다.

학생

학생 고객층은 저렴하고 트렌디한 메뉴를 선호하므로, 가성비 좋은 세트 메뉴와 공부나 모임에 적합한 좌석 배치를 고려하는 것이 좋습니다.

관광객

도심 상권이나 관광지 근처에서는 개성 있는 인테리어와 사진 찍기 좋은 공간을 제공하고, 텀블러 등의 기념품 판매도 고려할 수 있습니다.

카페 창업에 필요한 자금은 얼마일까요?

예비 카페 창업자들이 가장 궁금해하는 부분 중 하나가 창업 자금입니다. 창업 자금은 정확히 얼마가 든다고 말하기는 어렵습니다. 폐업한 매장을 인수하여 인테리어만 보완하면 비교적 적은 비용으로 창업할 수 있지만, 리모델링을 하고 모든 장비를 새로 구입한다면 비용이 크게 늘어납니다. 아래는 카페 창업에 필요한 항목별 예산을 예시로 설명한 내용입니다. 이를 참고하면 예산을 세우는 데 도움이 될 것입니다.

인테리어 비용

인테리어 비용은 매장의 크기, 디자인, 사용되는 자재, 그리고 리모델링 정도에 따라 달라집니다. 보통 인테리어 비용은 전체 창업 자금의 30~40% 정도를 차지합니다.

항목	세부 내용	금액 (10평 기준)
인테리어 공사	카운터 제작, 벽면 및 바닥 공사, 전기 공사 등	약 100만~200만 원 (평당)
소품 및 장식품	조명, 벽 장식, 가구 등 디테일한 요소	약 200만~500만 원
비품	메뉴판 테이블 및 의자 등 기본적인 가구류	약 100만 원 내외
총 예상 비용		약 1,300만~3,000만 원

카페 장비 비용

커피머신, 그라인더, 냉장고, 제빙기, 블렌더, 쇼케이스 등은 필수 장비로 새 장비와 중고 장비에 따라 차이가 있지만 전체 창업 자금의 20~30% 정도를 차지합니다.

항목	세부 내용	금액 (10평 기준)
에스프레소 머신	중고와 신제품 여부에 따라 비용 차이 발생	약 500만~2,000만 원
그라인더	분쇄 성능과 품질에 따라 가격 차이	약 100만~500만 원
제빙기	하루 얼음 소비량에 맞는 용량 고려	약 200만~600만 원
냉장고 및 기타 장비	냉장고, 온수기 등 추가 기기들	약 300만~500만 원
총 예상 비용		약 1,000만~3,000만 원

재료 및 소모품 비용

재료 및 소모품은 원두, 우유, 시럽, 차, 제빵 재료, 포장재, 청소용품 등으로 지속적으로 발생하며 운영에 중요한 요소입니다. 전체 창업 자금의 10~20% 정도를 차지합니다.

항목	세부 내용	금액 (10평 기준)
커피 원두	매달 추가 비용 발생	약 50만~100만 원
시럽 및 음료 재료	바닐라시럽, 초코소스, 과일청 등	약 30만~50만 원
기타 소모품	컵, 빨대, 냅킨, 물티슈 등 소모성 재료	약 20만~30만 원
총 예상 비용		약 100만~200만 원

초기 운영 비용

카페 창업에서 초기 운영 비용은 임대료, 직원 급여, 전기, 수도, 가스, 광고비 등으로 매출이 안정되기까지 지속적으로 필요한 자금을 준비해야 합니다.

항목	세부 내용	금액 (10평 기준)
임대 보증금	위치에 따라 다름 (핫플레이스일수록 높음)	약 1,000만~3,000만 원 이상
월세	초기 몇 달간의 월세 자금 확보 필요	약 100만~500만 원
직원 인건비	인력 채용 시	약 200만~400만 원 (매월)
마케팅 및 홍보비	전단지 제작, 소셜 미디어 광고 등	약 50만~100만 원
총 예상 비용		약 1,500만~4,000만 원

예상 총 초기 자금

예상되는 총 초기 자금은 소형 카페를 기준으로 최소 약 6천만~1억 원 정도가 소요되며, 중대형 카페는 약 1억 ~1억 5천만 원 이상 예상을 합니다. 이 외에도 예비 자금을 추가로 마련해 예상치 못한 유지 보수, 장비 교체 등의 비용을 준비하는 것이 좋습니다.

원두 구매 시 고려해야 할 요소는 무엇일까요?

카페에서 사용할 커피 원두를 구입할 때는 **일관된 맛과 품질을 제공하기 위해 신선한 원두를 선택하는 것이 중요합니다. 이를 위해 로스팅 날짜를 확인하고, 가장 최근에 로스팅 된 원두를 사용하는 것이 필요**합니다. 원산지와 품종에 따라 맛과 향이 달라지므로 카페의 콘셉트에 맞는 원두를 선택해야 합니다. 또한, 원두의 신선도를 유지하기 위해 적절한 보관 상태와 유통 과정을 거친 제품을 선택하는 것이 좋습니다.

원두의 신선도

원두 공급업체가 올해 생산된 신선한 뉴크롭 생두를 사용하고, 커피 추출에 적합한 로스팅 프로파일로 일관되게 로스팅 하는지를 확인해야 합니다. 또한, 로스팅 된 신선한 원두를 원하는 날짜에 쉽게 주문할 수 있고, 꾸준하게 공급받을 수 있는지 점검해야 합니다.

원산지와 품종

카페에서 사용하는 원두는 상업용 커머더티 원두나 원산지가 표기된 프리미엄 원두입니다. 싱글 오리진 원두는 편차가 있어, 두 개 이상의 산지 원두를 조합한 블렌딩 원두를 선택하는 것이 좋습니다. 국가별 커피 맛의 차이를 고려해 카페 컨셉에 맞는 원산지와 품종을 선택하면 됩니다.

로스팅 정도

원두는 로스팅 정도에 따라 맛이 달라집니다. 라이트 로스트는 산미가 강조되며, 다크 로스트는 구수한 맛이 두드러집니다. 카페에 적합한 로스팅 정도를 선택하고, 맛의 일관성을 유지하기 위해 원두 공급업체가 동일한 로스팅 프로파일을 꾸준히 제공하는지 확인해야 합니다.

커핑 테스트

판매용 원두를 구입하기 전에 공급업체로부터 원두 샘플을 받아 직접 테스팅해보는 것이 중요합니다. 테스팅을 통해 산미, 단맛, 쓴맛, 밸런스를 확인하고 원두의 고유한 특징이 잘 살아 있는지 평가합니다. 이를 통해 커피 맛이 카페 스타일에 적합한지 점검할 수 있습니다.

가격

원두는 카페 운영에서 큰 비중을 차지하므로 운영 예산에 맞는 가격의 원두를 선택해야 합니다. 샘플 테스팅을 통해 가격 대비 품질이 좋은 원두를 찾고, 장기 계약 시 가격 변동이 있을 수 있으니 고정 가격으로 거래가 가능한지 확인하는 것도 좋은 방법입니다.

공급업체의 신뢰도

원두를 공급하는 업체가 오프라인 매장을 운영하고 있다면 직접 방문하여 설비와 운영 상태를 확인하는 것이 좋습니다. 온라인 매장의 경우, 공급업체의 평판과 기존 고객들의 리뷰를 참고하고, 대량 주문에 대응할 수 있는지, 빠르고 안전한 배송 시스템이 갖춰져 있는지도 확인해야 합니다.

카페 원두, 인터넷 구매 시 고려할 점은?

인터넷 쇼핑몰에서 원두를 구입할 때는 **로스팅 날짜를 확인하고 신선한 원두를 선택하는 것이 중요**합니다. 원산지와 품종에 따라 맛과 향이 달라지므로, 카페의 콘셉트에 맞는 원두를 선택해야 합니다. 또한, 다른 고객들의 리뷰와 평점을 참고하여 원두를 판매하는 곳의 품질과 서비스 신뢰성을 확인하는 것이 좋습니다. 마지막으로, 배송 기간과 보관 상태를 체크해 원두가 일정한 품질을 유지한 채로 배송는 것도 확인해야 합니다.

원두 유통기한은 보관 상태에 따라 달라질 수 있어요. 신선함을 중요하게 생각하는 매장이라면 로스팅후 1~2주 이내에 판매하는 것이 가장 좋아요.

인터넷 구매의 장점

인터넷 쇼핑몰에서는 다양한 생산지와 로스팅 프로파일의 원두를 쉽게 찾고, 빠르게 주문할 수 있습니다. 쇼핑몰 리뷰를 통해 다른 사용자들의 평가를 확인해 맛과 신선도를 파악할 수 있어 원두 선택에 도움이 됩니다. 특히, 카페 오픈 초기에 여러 종류의 원두를 비교할 때 유용합니다.

인터넷 구매의 단점

카페는 원두 소비량이 많아 신선도가 매우 중요합니다. 저렴한 가격에 대량 구매해 오래 두고 사용하면 원두의 맛과 향이 저하될 수 있습니다. 또한, 쇼핑몰에서 구입한 원두는 로스팅 일자가 일정하지 않거나 로스팅 정도가 다를 수 있어 일관된 맛을 유지하기 어려울 수도 있습니다.

그 밖의 원두 구매 방법

• 여러 쇼핑몰에서 다양한 원두를 소량으로 구매해 내 매장에 맞는 원두를 선택한 후, 해당 쇼핑몰 업체와 공급 계약을 체결할 수 있습니다.

• 오픈 매장 근처의 로스터리 카페 및 업체를 방문해 커피를 테스팅하고 협업을 맺으면 신선한 원두를 빠르게 공급받을 수 있습니다.

• 주변 지인의 추천이나 다른 지역에서 성업 중인 매장을 방문해 매장에서 사용하는 원두를 파악하고, 직접 주문하는 방법도 있습니다.

아메리카노와 라떼용 원두, 따로 사용하는 것이 좋을까요?

아메리카노와 라떼는 에스프레소를 기본으로 하되, **물과 우유라는 주된 재료가 달라지기 때문에 각각에 적합한 원두를 따로 사용하는 것**이 좋습니다. 아메리카노에는 중배전 원두가 적합하고, 라떼에는 중강배전 원두가 우유와 더 잘 어울립니다. 각 음료에 맞는 원두를 사용하면 맛을 최적화할 수 있지만, 비용과 관리 편의성 때문에 한 가지 원두를 사용하는 경우도 많습니다.

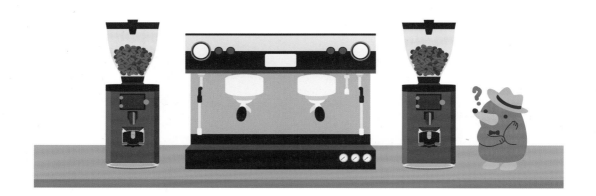

원두 구분 사용의 장점

아메리카노와 라떼는 서로 다른 음료로, 적합한 원두를 사용하면 더 좋은 맛을 낼 수 있습니다. 아메리카노는 원두 본연의 맛이나 구수한 맛이 강조된 원두가 좋고, 라떼용 원두는 우유와 잘 어울리며 깊은 바디감을 제공하는 원두가 적합합니다. 음료에 맞는 원두를 사용하면 풍미 차이를 명확히 느낄 수 있어 고객들에게 높은 만족감을 줄 수 있습니다.

원두 구분 사용의 단점

아메리카노용 원두와 라떼용 원두를 따로 관리하려면 보관, 분쇄, 로스팅 프로파일 유지 등 신경 써야 할 부분이 많습니다. 두 종류의 원두를 따로 구매하고 관리해야 하므로 재고 관리와 구매 비용이 증가합니다. 또한, 서로 다른 원두를 사용하면 추출 환경을 음료에 맞게 조정해야 하며, 그라인더도 원두별로 구입해서 사용해야 합니다.

한국인이 좋아하는 구수한 커피 맛은 어떤 것일까?

Barista's Tips

한국인들이 선호하는 커피는 '구수한 맛'입니다. 산미 있는 커피보다 선호 비율이 약 8:2로 구수한 맛이 훨씬 인기가 높습니다. 구수한 맛은 쓴맛이 강하지 않으면서도 진하고 부드럽고, 다크 초콜릿, 캐러멜, 토스티한 향이 어우러져 풍미를 더합니다. 특히 아메리카노로 마셨을 때 그 매력이 잘 느껴집니다. 구수한 맛을 특징으로 하는 원두는 주로 브라질, 인도네시아, 콜롬비아 등에서 생산됩니다.

커피가 왜 평소와 맛이 달라졌을까?

바리스타가 출근하면 가장 먼저 하는 일 중 하나가 **에스프레소를 추출하여 커피의 상태를 점검**하는 것입니다. 커피는 매우 민감한 음료라 공기의 습도와 온도 변화, 바리스타의 컨디션이나 건강 상태에 따라서도 맛이 달라질 수 있습니다. 이런 환경적 요인 외에도 평소와 맛이 다르게 느껴진다면 원두 자체에서 맛의 변화가 서서히 진행되었을 가능성도 있습니다. 평상시와 커피 맛이 다르다면 아래 사항을 점검하여 변화를 최소화해 보세요.

장비의 청결 상태

가장 먼저 커피머신의 그룹헤드를 확인하여 청소 상태를 점검하세요. 마감 청소가 제대로 이루어지지 않았다면, 그룹헤드에 남은 커피 찌꺼기로 인해 쓴맛이나 불쾌한 향이 발생할 수 있습니다. 또한, 포터필터에도 찌꺼기가 달라붙어 있을 수 있으므로, 약품 청소와 백플러싱을 통해 장비를 깨끗이 청소해야 합니다.

추출 조건의 변화

카페에서 사용하는 커피머신은 반자동 에스프레소 머신으로, 자동 머신과 달리 커피 추출과 관련된 세팅을 바리스타가 직접 조정해야 합니다. 추출 환경이나 다양한 요인에 따라 세팅이 변경되거나 초기화될 수 있으므로, 추출 시간, 추출 온도, 추출 압력뿐만 아니라 원두의 분쇄도와 도징량도 꼼꼼하게 다시 한번 점검해보세요.

원두의 신선도

원두는 로스팅 후 1~2주 동안 가장 신선하며, 시간이 지남에 따라 향과 맛이 점차 약해지고 커피의 풍미가 변화합니다. 같은 날 배송받은 원두라도 어제와 오늘의 커피 맛이 다르게 느껴진다면, 사용한 원두의 로스팅 날짜가 다르거나 보관 상태에 문제가 있었을 가능성이 있습니다. 로스팅 날짜, 보관 온도와 밀봉 상태를 꼼꼼히 확인해 보세요.

물의 상태

커피는 대부분이 물로 이루어져 있어 물의 품질이 매우 중요합니다. 만약 추출 속도가 달라지거나, 온수기에서 나오는 정수된 물이 탁하거나 냄새가 나며, 물의 흐름이 평소보다 느려졌다면, 정수필터의 사용 기한이 초과되었거나 필터가 막혔을 가능성이 있습니다. 이러한 경우, 필터 상태를 점검하고 필요하면 교체하는 것이 좋습니다.

Barista's Tips

달라진 커피 맛 해결을 위한 조치

- 커피머신 청결 상태를 점검하고 청소 주기를 지키세요.
- 추출 변수를 점검하여 일정하게 조절해 보세요.
- 원두의 신선도와 보관 상태를 확인하고 필요하다면 새로운 원두로 교체하세요.
- 정수필터의 교체 시기를 확인해 보세요.

시그니처 메뉴를 개발하는 방법을 알려주세요.

잘나가는 카페의 시그니처 메뉴는 수많은 고민과 시행착오를 거쳐 탄생한 결과물입니다. **시그니처 메뉴는 맛뿐만 아니라 데코레이션, 가격, 패키지 등 다양한 요소를 종합적으로 고려**해야 합니다. 이러한 요소들이 뒷받침되지 않으면 고객의 관심을 끌기 어려워 메뉴는 매장에서 사라지게 됩니다. 음료든 디저트든 메뉴 개발 과정은 비슷하므로 충분히 이해하고 꾸준한 실험을 통해 독창적인 시그니처 메뉴를 만들 수 있습니다.

초코라떼
Chocolate latte

과일스무디
Fruit smoothie

에스프레소
Espresso

카푸치노
Cappuccino

카페라떼
Caffe latte

아메리카노
Americano

메뉴 개발 방법

① 브랜드와 고객을 고려한 아이디어 발상

카페의 브랜드 아이덴티티와 고객의 선호를 고려해 메뉴 아이디어를 구상합니다. 유기농 브랜드라면 자연 재료를, 트렌디한 카페라면 SNS 인기 스타일을 반영할 수 있습니다.

② 차별화된 맛과 스타일 개발

경쟁 카페와 차별화된 독특한 맛이나 재료를 선택해 메뉴를 개발합니다. 예를 들어, 자체 로스팅 커피를 사용하거나 특별한 조합을 만들어 다른 카페와의 차별점을 둡니다.

③ 비주얼과 트렌드 반영

메뉴의 비주얼을 중요시하고, 시즌성이나 트렌드를 반영해 고객의 관심을 끌 수 있는 요소를 추가합니다. 예를 들어, 여름엔 시원한 음료, 겨울엔 따뜻한 음료를 제공해 계절에 맞춘 메뉴를 개발합니다.

④ 테스트 후 개선

메뉴를 테스트하고, 고객 피드백을 반영하여 최적화합니다. 테스트 후 불만족스러운 부분은 수정하고, 고객 반응을 체크하면서 메뉴를 개선하여 최종 완성도를 높입니다.

메뉴 구성하기

Barista's Tips

메뉴는 상권과 고객층에 맞춰 설계해야 합니다. 사무실 밀집 지역에서는 간편한 메뉴, 젊은 고객층이 많은 지역에는 트렌디한 메뉴가 적합합니다. 인기 메뉴를 중심으로 커피와 논커피 메뉴를 구성하고, 따뜻한 메뉴와 아이스 메뉴를 구분하면 고객 선택의 폭을 넓힐 수 있습니다. 계절에 맞는 음료를 준비해 고객 방문을 유도하며, 계절 시작 1~2개월 전에 새로운 메뉴를 개발하는 것이 중요합니다.

질문 # 메뉴 가격은 어떻게 결정하나요?

프랜차이즈 카페는 메뉴 가격이 이미 결정되어 있지만, 개인 카페는 사장님이 직접 가격을 결정해야 합니다. 메뉴 가격은 사장님 마음대로 정하는 것이 아니라, **원가, 시장 경쟁력, 고객 심리, 브랜드 전략 등을 종합적으로 고려하여 카페의 컨셉과 고객층에 맞는 가격을 설정**해야 합니다. 특히 상권과 원가 분석은 가격 결정에 매우 중요하므로, 이를 통해 합리적인 가격 설정이 필요합니다.

기본적인 가격 결정 방법

1 메뉴 원가 산정하기

원두, 우유, 시럽, 잔, 포장비 등 각 메뉴에 들어가는 재료비를 정확히 파악하고, 이를 바탕으로 메뉴별 원가를 계산합니다. 일반적으로 원가는 매출의 30~40% 수준이 적정합니다.

2 경쟁점 조사하기

설정한 가격이 고객들이 지불할 의향이 있는 가격대인지 확인하고 주변 카페의 유사한 메뉴의 가격대를 조사합니다. 이를 통해 시장에서 경쟁력 있는 가격을 설정할 수 있습니다.

3 가격 책정하고 판매 하기

재료비와 인건비 등 모든 비용을 충당하고, 원하는 이윤율을 적용하여 판매가격을 결정합니다. 원가가 1,000원이고 50%의 이윤을 원한다면, 최종 판매 가격은 1,500원이 됩니다.

메뉴 가격 설정 방법

· 에스프레소와 같은 기본 메뉴의 가격이 결정되었으면 라떼, 바닐라 라떼처럼 보조 재료가 추가되는 메뉴는 재료에 따라 500원~1,000원씩 가격을 더해 책정합니다.

· 저가형 매장은 가격에 민감한 고객을 타깃으로 하므로, 상품을 저렴한 순서부터 오름차순으로 배치해 가격 비교를 쉽게 할 수 있도록 하는 것이 효과적입니다.

· 가격을 5.5/9.5처럼 화폐 단위를 생략하고 숫자만 표시하면 구매 촉진에 효과적이고, 4,000원 대신 3,900원과 같은 가격 설정으로 선택을 쉽게 만듭니다.

· 중간 가격대의 매장은 품질과 가격의 균형을 중시하므로 가격을 내림차순으로 배치해 고품질 제품을 강조하면 중간 가격대 메뉴가 상대적으로 저렴하게 느껴집니다.

Barista's Tips

개인 카페의 아메리카노 한 잔 가격은 얼마가 적당할까?

아메리카노 가격은 원가(원두, 물, 컵, 전기비 등)를 기준으로 보통 원가의 3~4배 정도로 설정합니다. 개인 카페에서는 보통 3,000원에서 5,000원 사이가 적당합니다. 이 가격은 지역, 임대료, 상권에 따라 조정할 수 있습니다. 만약 고급스러운 분위기나 스페셜티 커피를 제공한다면 더 높은 가격을 책정할 수도 있습니다.

효과적인 메뉴판의 구성 방법을 알려주세요.

고객이 매장을 처음 방문하면 가장 먼저 보는 것이 메뉴판입니다. 카페를 찾는 주요 목적이 메뉴 선택이기 때문에 메뉴판이 제대로 되어 있지 않으면 고객은 메뉴를 고르는 데 어려움을 느끼고 결국 가장 저렴한 메뉴를 선택하게 됩니다. 따라서 **메뉴판에는 매장만의 전략이 필요하며, 잘 정리된 메뉴판을 통해 고객이 쉽게 메뉴를 이해하고 선택**할 수 있어야 합니다.

메뉴판의 중요성

• 메뉴판은 고객이 매장에 들어와 처음 접하는 정보이기 때문에 매장의 첫인상을 좌우합니다. 메뉴판은 단순한 정보 전달을 넘어 고객의 심리를 자극하는 중요한 역할을 합니다.

• 메뉴의 구성, 배치, 가격 표시를 전략적으로 설계하면 고객의 선택에 큰 영향을 줄 수 있으며, 베스트 메뉴나 시그니처 메뉴를 강조하고 쉽게 이해할 수 있도록 배치하면 효과가 극대화됩니다.

• 메뉴판은 고객이 원하는 메뉴를 쉽게 찾을 수 있도록 음료, 디저트, 스페셜 메뉴 등 카테고리별로 정리하고, 인기 순이나 추천 순으로 배열하면 고객이 더 쉽게 선택할 수 있습니다.

• 메뉴 구성은 다양한 선택지를 제공하되, 너무 많은 옵션으로 고객이 부담을 느끼지 않도록 균형을 맞추고, 쉽게 선택할 수 있도록 간결하고 직관적으로 정리하는 것이 중요합니다.

시그니처와 한정 메뉴

• 인기 메뉴와 시그니처 메뉴는 메뉴판에서 가장 눈에 잘 띄는 위치에 배치하고, 포스터나 작은 현수막을 매장 내 고객의 시선이 닿기 쉬운 곳에 부착하여 자연스럽게 관심을 끌도록 합니다.

• 계절에 맞는 메뉴를 준비하여 고객의 기대감을 높이는 것도 좋은 방법입니다. 여름에는 아이스 음료나 빙수, 스무디 등을, 겨울에는 뱅쇼, 핫 초콜릿, 생강차 등 따뜻한 계절 메뉴를 추가할 수 있습니다.

논 커피 음료

• 카페인에 민감하거나 피하고 싶은 고객을 위해 허브티, 과일티, 밀크티, 녹차뿐만 아니라 유자, 자몽, 레몬, 청포도, 고구마 등을 활용한 음료를 메뉴에 추가할 수 있습니다.

• 건강에 대한 관심이 높아지면서 두유나 오트밀 등 우유 대체 음료를 사용하거나, 비건 음료와 저칼로리 음료를 추가하면 건강을 중시하는 고객층의 만족도를 높일 수 있습니다.

메뉴판의 구성 순서

1. 메뉴판 상단에 매장 이름과 로고를 배치하여 브랜드 인지도를 높입니다.

2. 간단한 인사말이나 매장의 분위기를 나타내는 짧은 메시지를 추가하여 고객을 환영합니다.

3. 시그니처 메뉴나 추천 메뉴를 배치하여 고객의 관심을 끌 수 있도록 합니다.

4. 핫 음료, 아이스 음료, 시즌 한정 음료 또는 스페셜 음료를 순서대로 보여줍니다.

5. 음료와 함께 즐길 수 있는 디저트나 쿠키, 빵 등을 소개합니다.

6. 음료와 디저트를 함께 주문할 수 있는 세트 메뉴나 특별 혜택을 제공하는 메뉴를 소개합니다.

7. 메뉴명 옆에 가격을 명확히 기재합니다.

8. 스페셜티 커피를 제공하는 경우에는 원두 정보나 커피의 특성을 알려줍니다.

9. 매장 내 편의시설이나 서비스, 무료 Wi-Fi 제공 등의 간단한 안내를 추가합니다.

10. 하단에 매장 정보, SNS 링크, 웹사이트 주소 등을 배치하여 매장과 연결될 수 있도록 합니다.

카페에서는 어떤 디저트를 판매해야 할까요?

카페에서 커피와 음료만으로 매출을 올리기는 쉽지 않기 때문에 디저트는 카페 운영에 꼭 필요합니다. 그러나 어떤 디저트를 선택할지는 신중하게 결정해야 합니다. 디저트를 고를 때는 **카페의 인테리어와 분위기, 시그니처 음료와의 조화를 고려해야 하며, 예산, 직원 운영, 작업 공간, 그릇이나 포장 방식, 데코레이션 등의 요소도 함께 검토**해 매장에 어울리는 메뉴를 선택해야 합니다.

디저트를 선택하는 방법 4가지

1 상권과 주요 고객층에 맞춰 메뉴를 선택하는 것이 중요합니다. 젊은 층이 많다면 크로플, 티라미수같은 트렌디한 디저트를, 중장년층이나 가족 단위 고객이 많다면 스콘, 파운드케이크 등 전통적인 디저트를 선택하는 것이 좋습니다. 지역 고객들의 취향을 파악해 선호도가 높은 디저트를 고르는 것도 좋은 방법입니다.

2 커피와 음료에 잘 어울리는 디저트를 고르는 것이 중요합니다. 에스프레소에는 티라미수, 라떼에는 케이크, 아메리카노에는 스콘이나 쿠키가 잘 어울립니다. 산미가 있는 커피에는 치즈케이크나 과일 케이크, 초콜릿 향이 있는 커피에는 초콜릿 디저트가 잘 맞습니다. 커피와 디저트의 조화를 고려해 메뉴를 선택합니다.

3 디저트를 선택할 때는 제작 난이도와 비용을 고려해야 합니다. 예산 내에서 효율적으로 운영할 수 있는 메뉴를 선택하세요. 스콘, 마들렌, 브라우니처럼 냉장·냉동 보관이 가능한 디저트는 유통기한이 길어 관리가 쉬운 반면, 신선도가 중요한 생크림 케이크나 과일 케이크는 적당량만 주문해야 합니다.

4 계절에 맞는 재료나 최신 유행하는 디저트 트렌드를 반영하면 고객의 관심을 끌 수 있습니다. 같은 종류의 디저트라고 해도 납품업체마다 맛과 모양, 재료가 다릅니다. 여러 업체의 샘플을 주문하여 시식해보고 품질과 가격을 비교한 후, 가장 적합한 제품을 선택하면 됩니다.

디저트 관리 방법

• 디저트 판매 데이터를 분석해 적정량을 발주하여 재고를 최소화하고, 유통기한이 지난 제품은 반드시 폐기 후 기록해 재고 관리와 발주 계획을 개선해야 합니다.

• 납품받은 디저트는 선입선출 원칙에 따라 사용하며, 유통기한이 임박한 제품은 할인 판매, 세트 구성, 또는 일정 금액 이상 구매 시 서비스로 제공하여 제공하여 재고를 효율적으로 관리합니다.

디저트를 납품받는 방법을 알려주세요.

카페 창업 전후로 콘셉트와 상권에 맞는 디저트를 선정해야 합니다. 주변 카페에서 **잘 팔리는 메뉴를 조사한 후 적합한 디저트 업체를 찾아 샘플을 테스팅하며 공급 형태와 유통기한을 확인**합니다. 판매가격과 마진율을 고려해 원가를 계산한 뒤, 정식 메뉴로 추가하기 전 소량 납품받아 테스트 판매를 진행하고 고객 반응을 확인해 최종 메뉴에 반영하면 좋습니다.

디저트 납품 방법의 결정

• 지역의 유명 베이커리나 전문 업체에서 완제품 또는 반가공 제품을 공급받을 수 있습니다. 로컬 베이커리는 지역 이미지를 활용할 수 있고, 전문 베이커리는 품질과 인지도를 높이며 신선한 제품을 안정적으로 공급받을 수 있습니다.

• 온라인에는 쿠키, 케이크, 스콘 등 인기 있는 베이커리 제품을 냉동 형태로 납품하는 전문 업체들이 있습니다. 신선도와 품질 관리를 철저히 하여 믿고 주문할 수 있으며, 필요한 제품만 선택해 구입할 수 있습니다.

• 매장만의 시그니처 베이커리를 판매하고 싶다면, 베이커리 전문 업체에 OEM(주문자 상표 부착 생산) 방식으로 주문 제작을 의뢰할 수 있습니다. 이를 통해 카페에 맞춘 독특한 제품을 만들고, 차별화된 브랜드 이미지를 구축할 수 있습니다.

• 직접 베이킹할 수 있는 공간과 인력이 있다면, 신선하고 독창적인 베이커리를 매장에서 만들어 제공할 수 있습니다. 초기에는 설비와 인력 비용이 들지만, 매장만의 고유한 맛과 신선도를 유지할 수 있는 장점이 있습니다.

디저트 업체 찾기

카페 운영자나 업계 관계자에게 추천을 받거나, 인스타그램, SNS 및 지역 커뮤니티를 통해 유명한 베이커리 업체나 개인 제빵사를 찾을 수 있습니다. 또한, 네이버, 쿠팡비즈, 스마트스토어, 마켓컬리 비즈와 같은 온라인 플랫폼에서 업체 제품을 비교하고, 카페 및 디저트 박람회에서 납품업체를 직접 만나 샘플을 확인할 수 있습니다. 이를 통해 카페 콘셉트와 고객층에 맞는 최적의 디저트 납품업체를 선택할 수 있습니다.

디저트 납품업체와 계약 진행시 체크 사항

카페의 판매량과 보관 여건을 고려해 최소 주문 수량과 납품 빈도를 설정하고, 주문 및 납품 주기를 결정합니다. 결제 조건을 사전에 조율하여 원활한 자금 흐름을 유지하고, 선불 결제 또는 후불 결제 여부를 확인합니다. 반품 및 클레임 처리 방안을 논의하고, 제품 문제 발생 시 교환이나 환불 절차를 명확히 합니다. 납품 지연이나 품질 저하 시 대처 방안을 계약서에 명시해야 합니다.

질문 # 커피머신 중고제품 구입해도 괜찮을까요?

카페 창업에서 인테리어 다음으로 많은 비용이 지출되는 항목은 바로 운영에 필요한 장비 구입 비용입니다. **예산을 절약하고 운영 자금을 확보하기 위해 창업 전에 중고 제품을 고려하는 경우**가 많습니다. 카페에서 사용하기 위한 장비는 '중고나라'나 '당근마켓'과 같은 온라인 플랫폼에서 구입해도 충분히 사용 가능하지만, 신중한 접근이 필요합니다.

커피머신 중고제품 괜찮을까?

커피머신을 구매할 때는 무조건 값비싼 새 제품을 고르는 것보다는 카페의 컨셉에 적합한 커피 추출이 가능하고, 사용이 편리하며 최신 기술이 적용된 모델을 선택하는 것이 중요합니다. 커피머신은 보급형, 중급형, 고급형 모델로 나뉘는데, 만약 보급형 새 제품과 중급형 중고 제품 중에서 선택해야 한다면, 다양한 기능을 갖춘 중급형 중고 제품을 구입하는 것이 더 나은 선택이 될 수 있습니다. 다만, 중고 제품을 구입한 후에는 전문가에게 전체 점검을 받고 설치하여 추후 발생할 수 있는 문제를 예방할 수 있습니다.

중고 커피머신 구입 시 고려할 점

중고 제품을 구입할 때는 판매자의 후기를 통해 거래 목적(폐업, 업그레이드 등)을 확인하는 것이 중요합니다. 거래 목적에 특별한 내용이 없다면, 판매자에게 커피머신의 제작년도, 사용 기간, 하루 추출량을 확인하고, 유지 보수 기록이나 부품 교체 여부 등을 직접 물어봐야 합니다. 이후, 판매자와 만날 때 커피머신의 추출 여부와 상태를 직접 점검하여 예상치 못한 수리비가 발생할 경우 적절히 대응할 수 있도록 해야 합니다.

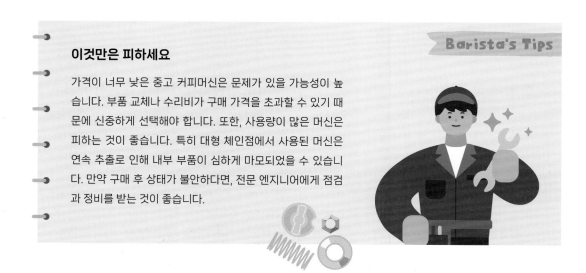

Barista's Tips

이것만은 피하세요

가격이 너무 낮은 중고 커피머신은 문제가 있을 가능성이 높습니다. 부품 교체나 수리비가 구매 가격을 초과할 수 있기 때문에 신중하게 선택해야 합니다. 또한, 사용량이 많은 머신은 피하는 것이 좋습니다. 특히 대형 체인점에서 사용된 머신은 연속 추출로 인해 내부 부품이 심하게 마모되었을 수 있습니다. 만약 구매 후 상태가 불안하다면, 전문 엔지니어에게 점검과 정비를 받는 것이 좋습니다.

중고 커피머신 구매 시 확인해야 하는 체크리스트가 있나요?

중고 커피머신을 구입할 때는 여러 가지 사항을 체크해야 하지만, 전문가가 아니면 어떤 점을 확인해야 할지 막막할 수 있습니다. 겉보기에는 문제가 없어 보이지만 설치 후나 사용 중에 문제가 발생할 수 있기 때문에, 조치 방안도 고민될 수 있습니다. 전문가가 알려주는 중고 커피머신 구입 시 꼭 체크해야 할 사항들을 참고해서 보다 안전하게 커피머신을 구매하세요.

	세부 내용	체크
외부	• 외부에 큰 흠집이나 녹, 균열 등은 없고 깨끗이 관리가 되었는가? • 커피머신 주변에 물이나 커피로 인한 누수 자국이 있는가? • 전원 스위치를 돌렸을 때 전원과 히팅이 정상적으로 이루어지는가? • 추출 버튼이 제대로 눌리고, 작동이 정상적으로 이루어지는가? • 추출시 그룹헤드와 배수 연결 부위 등에 물이 새지는 않는가?	☐ ☐ ☐ ☐ ☐
기능	• 히팅이 정상적으로 이루어지고 스팀 압력이 1바(bar)를 가르키고 있는가? • 추출 버튼을 눌렀을 때 추출 압력 게이지가 9바(bar) 전후로 이동하는가? • 추출 버튼을 눌렀을 때 그룹 헤드에 물이 고르게 분사되는가? • 스팀 완드에 스팀이 고르게 나오고 막힘이 없는가? • 자동 세척 기능이 정상적으로 작동하는가?	☐ ☐ ☐ ☐ ☐
기타	• 그룹헤드 가스켓이나 샤워 스크린과 같은 소모품 상태는 괜찮은가? • 직접 커피를 추출했을 때 추출 상태가 일정하고 고르게 유지되는가? • 커피머신 내부에 누적된 커피찌꺼기나 불순물은 없는가? • 부품 교체나 수리 이력과 교체된 부품의 상태는 어떤가? • 제조 연도, 사용 기간과 하루 추출량은 어떤가?	☐ ☐ ☐ ☐ ☐

Barista's Tips

중고 커피머신 구입 후 해야 할 일

중고 커피머신을 구매한 후에는 반드시 전문 엔지니어를 통해 머신의 상태를 점검하고, 문제가 있는 부분을 확인합니다. 커피머신의 내부 청소를 통해 오래된 석회질이나 커피 찌꺼기를 제거하고, 그룹헤드 가스켓, 샤워 스크린, 포터필터 등 소모품을 새 제품으로 교체한 뒤 설치하면 안전하게 사용할 수 있습니다.

커피 추출에 도움을 주는 도구들을 알려주세요.

"커피는 장비빨"이라는 말이 있습니다. 커피 추출에서 가장 중요한 것은 일관된 맛과 향을 유지하는 것이며, 이를 위해 경험 많은 바리스타들은 다양한 도구를 활용합니다. 여기에서 소개하는 도구들이 **필수적인 것은 아니지만, 항상 균일한 맛을 내기 위해 사용되는 장비들**입니다. 특히 여러 바리스타가 근무하거나 직원 변동이 잦은 매장이라면 한번쯤 도입을 고민해볼 만한 도구들입니다.

필수 도구

커피머신을 구입하면 포터필터만 제공되므로, 커피 추출을 위해서는 별도로 구입해야 하는 필수 도구입니다. 저렴한 제품부터 고급 제품까지 다양하지만, 대중적으로 많이 사용하는 제품을 선택하는 것이 좋습니다.

① 디지털 저울

변할 수 있는 원두의 도징량을 정확히 측정하거나 시럽, 소스 등을 계량할 때 필수적인 도구입니다.

② 온도계

커피를 추출할 때 물의 온도를 측정하여 균일한 맛을 유지하는 데 필요합니다.

③ 탬퍼

포터필터에 도징된 원두를 고르게 눌러 추출의 일관성을 높이는 도구입니다. 기본형은 사용자에 따라 가해지는 압력이 달라질 수 있습니다.

④ 탬핑 매트

탬핑할 때 작업대 위에 사용하는 매트로, 고무 재질로 되어 있어 포터필터를 보호하고 안정적인 탬핑을 돕습니다.

다양한 추출 도구를 사용하는 순서

Barista's Tips

포터필터에 도징링을 장착한 후, 그라인더에서 분쇄된 커피가루를 담고 침칠봉을 사용해 뭉친 원두를 풀어준 뒤 도징링을 분리합니다. 이후 레벨링 툴로 커피가루를 평평하게 정리한 다음, 정압 탬퍼 또는 자동 탬핑기를 사용해 탬핑합니다. 그런 다음 퍽 스크린을 포터필터 위에 올리고, 그룹헤드에 결합한 뒤 커피를 추출합니다.

선택 도구

커피 추출에 필수는 아니지만, 바리스타가 여러 명인 매장이나 프랜차이즈 매장에서 일관된 추출을 위해 사용하는 도구들입니다. 사용자 리뷰를 참고해 적합한 제품을 선택하는 것이 좋습니다.

① 자동 탬핑기
탬핑을 일정한 압력으로 해주는 장비로, 항상 일정한 압력을 유지하며 탬핑을 할 수 있습니다. 탬핑 압력과 포터필터의 거치 높이는 조절 가능합니다.

② 정압 탬퍼
내부 스프링이 설정된 압력(예: 10kg, 15kg 등)으로 작동하여, 항상 일정한 압력으로 균일하게 탬핑할 수 있도록 도와주는 도구입니다.

③ 침칠봉
정전기로 뭉친 포터필터에 담긴 원두를 막대기에 달린 작은 침으로 풀어주어, 채널링 현상 없이 균일한 추출을 가능하게 도와주는 도구입니다.

④ 레벨링 툴 디스트리뷰터
포터필터에 담긴 커피가루를 고르고 평평하게 해주는 도구로, 도징량이나 탬핑 특성에 맞게 툴의 깊이를 조절할 수 있습니다

⑤ 도징링
포터필터 위에 장착하여 원두를 담을 때 커피가루가 주변에 떨어지는 것을 방지하여 작업 공간을 깔끔하게 유지할 수 있습니다.

⑥ 퍽 스크린
커피 추출 시 포터필터 위에 올려 사용하는 얇은 금속 필터로, 물의 흐름을 균일하게 분산시켜 추출의 일관성을 높이며 채널링을 방지하는 역할을 합니다.

⑦ 도징컵
그라인더에서 분쇄된 원두를 담아 포터필터로 옮길 때 사용하는 컵 형태의 도구로, 원두 가루가 흩어지는 것을 줄이고 일정한 양을 정확하게 담을 수 있습니다.

정수필터에 관한 다양한 궁금증들

커피머신을 설치할 때 엔지니어들은 항상 정수필터 설치 여부를 확인합니다. 그러나 정수필터가 왜 필요한지 잘 모르는 분들도 많습니다. **정수필터는 커피머신, 제빙기, 온수기에 직접 연결해 사용하는 필수적인 소모품으로, 카페에서 판매하는 대부분의 음료는 물이 주성분이므로 반드시 정수필터를 사용해 음료의 품질을 높여야** 합니다. 다음은 정수필터에 대해 자주 묻는 질문들입니다.

1 정수필터 왜 필요해요?

커피는 약 98%가 물로 이루어져 있어, 물의 품질이 커피 맛에 큰 영향을 미칩니다. 정수필터는 수돗물의 염소, 중금속, 미세 입자를 제거해 커피 맛을 깔끔하고 부드럽게 만들며, 물의 경도와 미네랄 농도를 일정하게 유지해 맛의 일관성을 제공합니다. 스케일 형성을 방지해 커피머신의 성능 저하와 고장을 줄이고 장비 수명을 연장하며, 유기물을 제거해 제빙기와 온수기의 물을 위생적으로 유지합니다.

3 어떤 정수필터를 사용해야 하나요?

우리나라 수돗물은 석회질 함량이 적어 일반적인 매장에서는 카본 필터만으로도 커피 추출에 적합한 물을 얻을 수 있습니다. 그러나 바닷가나 산속처럼 지하수를 사용하는 매장은 보다 복잡한 정수 시스템이 필요할 수 있습니다. 대표적인 정수필터 브랜드로는 '에버퓨어'와 '파라곤'이 있으며, 스케일 방지용과 물맛 개선 및 장비 보호용으로 나뉩니다. 커피머신, 제빙기, 온수기 등 각 장비에 적합한 정수필터를 선택하면 됩니다.

2 정수필터는 얼마나 자주 교체하나요?

정수필터의 교체 주기는 크기와 사용량에 따라 다르지만 일반적으로 6개월에서 1년 사이가 권장됩니다. 교체 시기는 필터 종류, 사용량, 해당 지역의 수돗물 품질에 따라 달라질 수 있습니다. 물 사용량이 많은 대형 카페나 프랜차이즈 카페는 교체 주기가 짧고, 커피 추출량이 적은 매장은 비교적 늦게 교체해도 무리가 없습니다.

4 정수필터 직접 교체가 가능할까요?

카페에서 사용하는 정수필터는 대부분 사장님이 직접 교체할 수 있습니다. 다만, 필터 종류와 교체 방법은 모델마다 다를 수 있으므로 사용 중인 정수기의 매뉴얼을 확인하거나 제조사의 안내를 따라야 합니다. 필터 교체 후에는 바로 커피머신이나 제빙기에 연결하지 말고 충분히 물을 흘려 정수필터 내부의 공기와 불순물을 제거한 뒤 연결해야 불순물로 인한 문제가 생기지 않습니다.

카페 운영이 생각보다 힘들면 어떻게 해야 하나요?

카페 창업 후 기대만큼 매출은 나오지 않고 지출이 많아지면, 사장님은 점점 더 고민이 많아질 수 밖에 없습니다. 자영업은 꾸준한 노력과 시간이 쌓여야 매출이 서서히 증가하는 구조입니다. 작은 매장이라도 제대로 운영을 하기 위해서는 최소 6개월 이상 버틸 자금과 체력이 필요하며, 어려운 순간이 오더라도 쉽게 흔들리지 않는 의지가 있어야 합니다. 당장 폐업을 고민하는 상황이 아니라면 다음과 같은 개선 방법을 찾아보면 어떨까요?

운영 방식 점검하기

하루, 월별 매출과 지출을 정확히 파악한 후, 전기, 수도, 재료비 등 운영 비용을 점검하여 불필요한 지출을 줄일 수 있는지 확인합니다. 판매가 저조한 메뉴는 정리하고, 고객 반응이 좋은 메뉴는 더욱 연구하여 업그레이드합니다. 또한, 원가율을 다시 계산해 가격을 조정하거나 세트 메뉴를 구성하여 객단가를 높이는 방안을 고민해 봅니다.

멘탈 관리하기

비슷한 고민을 가진 사장님들과 소통할 수 있는 온라인 커뮤니티를 활용하면 현실적인 조언을 얻고, 다양한 아이디어를 참고할 수 있습니다. 또한, '한 달 동안 SNS 리뷰 10개 받기'처럼 작은 목표를 설정하면 성취감을 느끼며 동기 부여가 됩니다. 작은 변화부터 하나씩 시도하고, 스스로를 돌보며 지치지 않도록 관리하면 힘든 순간을 극복하는 데 도움이 됩니다.

손님이 늘지 않는다면?

매장을 지나는 유동 인구 대비 방문 고객 비율이 너무 낮다면, 홍보가 부족한지 또는 인테리어가 고객을 끌어들이지 못하는지를 점검해 보세요. 손님이 없는 시간을 활용해 인스타그램, 네이버 지도, 블로그 등 SNS와 온라인 채널을 적극 활용하여 가게를 알리는 것도 중요합니다. 또한, 적립 혜택, 쿠폰, 작은 서비스 제공 등을 통해 단골 고객을 확보하면 꾸준한 매출 유지에 도움이 됩니다.

추가 수익 모델 고민

자체 로스팅거나 블렌딩한 원두를 판매하거나, 핸드드립 세트, 머그컵 등을 함께 판매하는 것도 좋은 방법입니다. 요즘은 배달과 테이크아웃이 중요한 수익원이므로, 배달 플랫폼 활용도 고려해 보세요. 또한, 지역 브랜드나 베이커리와 협업해 새로운 메뉴를 추가하거나, 샵인샵 매장 운영, 팝업 스토어 개최 등을 통해 시너지 효과를 극대화할 수 있습니다.

체력적으로 힘들다면?

카페 운영은 하루 종일 서서 일해야 하기 때문에 체력적으로 많이 힘들 수 있습니다. 체력이 버티지 못하면 다른 일도 제대로 해내기 어렵죠. 영업시간이 너무 길어 부담된다면, 손님이 가장 많은 피크타임 위주로 운영 시간을 조정하는 것도 방법입니다. 또한, 인건비 부담은 있지만 아르바이트 직원을 고용해 일정 시간이라도 휴식을 갖는 것이 장기적으로 도움이 됩니다.

오늘도 한 걸음 성장하는 중!
작은 변화가 쌓이면
멋진 내일이 올 거예요!

우연하게 시작한 커피와의 만남, 그 인연들로 인해 지금도 커피와 관련된 일을 하고 있으며, 여기에서 만난 많은 분들과 함께 성장하고 있습니다. 지금 이 책을 보고 계신 여러분도 어쩌면 우연한 계기로 커피와 연결되었고, 궁극적으로는 나만의 카페를 창업하는 꿈을 이루고자 하지 않을까요?

우리나라 카페의 수는 약 10만여 개, 치킨집보다도 많다고 합니다. 새로운 건물이 생기거나 음식점이 자리를 비우면 으레 카페가 들어서고 있는 현실을 보면, 우리는 정말 '커피 공화국'에 살고 있는 셈입니다. 이런 환경 속에서의 카페 창업은 결코 쉽지 않습니다. 주변의 수많은 경쟁자들을 물리치기 위해서는 정말 많은 준비가 필요합니다. 카페 창업에서 가장 중요한 것은 경험, 노하우, 그리고 꾸준한 공부입니다. 단순히 아르바이트로 커피를 추출하고 음료를 만들어본 경험만으로는 창업의 길이 멀고도 험난합니다. 창업 전에 카페 아르바이트 경험은 물론, 운영, 마케팅, 디저트 등에 대한 충분한 준비가 필요하며, 오랜 준비를 통해 창업을 했다고 하더라도 예상치 못한 수많은 어려움이 기다리고 있습니다.

이 책은 실제 사장님들과의 만남을 통해 그들의 경험과 필요를 바탕으로, 최소한 이 정도는 알고 시작해야 조금이라도 덜 힘들지 않을까 하는 마음으로 진행된 책입니다. 한 번 읽고 끝나는 책이 아니라 옆에 두고, 문제가 생겼을 때마다 찾아보며, 부족한 부분은 여러 매체를 통해 찾아보고 이를 통해 성장해 나갈 수 있도록 도와주는 책입니다. 카페는 단순히 커피를 만드는 공간이 아닙니다. 커피 한 잔을 통해 손님과 소통하고, 그들의 하루에 작은 행복을 더할 수 있는 특별한 공간입니다. 이 책이 여러분의 카페 운영에 도움이 되어, 더 많은 사람들에게 사랑받는 공간이 되기를 진심으로 바랍니다.

이 책이 출간될 수 있도록 흔쾌히 허락해 주신 비키북스 우승아 대표님께 감사드리며, 책의 일러스트와 편집을 위해 많은 시간을 들여 열심히 작업해 주신 이주연 님, 황예림 님, 김은하 님께도 깊은 감사의 말씀을 전합니다. 또한, 이 책이 완성될 수 있도록 도와주신 오커피컴퍼니, 스타오커피, 다음컴퍼니의 모든 직원분들과 가족들에게도 감사의 마음을 전합니다.

저자 | **김석일, 김두성, 김형찬, 표자성**

저자 소개

김석일

메인 저자로 이 책의 총괄 기획과 집필, 진행을 맡았다. 우연한 계기로 공저자들을 만나 원두, 카페 운영과 레시피, 그리고 커피머신과 장비에 대한 지식과 노하우를 배우게 되었고, 이 소중한 경험이 카페를 창업하거나 운영하려는 분들에게 도움이 되길 바라며 이 책을 집필하게 되었다. 네이버 카페 『나는 카페 사장이다』의 운영자이며 커피 관련 비즈니스를 하고 있다.

김두성

이 책의 공저자로 커피 추출과 레시피, 카페 운영에 관한 내용을 집필하였다. 강화도에 위치한 '스타오 커피'의 대표로, 금융업과 서비스업에 종사하다가 커피와 인연을 맺게 되었다. 마포에서 '인디커피'라는 이름의 로스팅 카페를 운영하며 커피에 대한 경험을 쌓았고, 더 많은 사장님들, 고객들과의 소통을 위해 현재는 강화도에 정착하여 원두 납품을 겸하는 로스터리 카페를 운영하고 있다.

김형찬

이 책의 공저자로서 로스팅과 원두에 관한 내용을 집필하였다. 삼성SDS에서 프로그래머로 일하다가, 보험업에 뛰어들어 많은 고객을 만났으며, 컨설턴트로도 능력을 인증받았다. 그러던 중 우연한 기회로 커피와 인연을 맺게 되었고, 생두를 수입하여 로스팅 및 납품을 하게 되었다. 현재는 김포에서 HACCP 인증을 받은 국내 몇 안 되는 대형 생두 수입 및 로스팅 업체인 '(주)오커피 컴퍼니'의 대표를 맡고 있다.

표자성

이 책의 공저자로 커피머신과 관련 장비의 운영에 관한 내용을 집필하였다. 커피머신 및 관련 장비 판매·수리 전문업체인 '다음컴퍼니'의 대표이자 '커피산업인재개발원' 원장으로 활동하고 있다. 커피와의 인연을 계기로 카페 운영이 아닌, 카페 관련 장비를 전문적으로 다루는 엔지니어의 길을 선택했다. 13년간 수천 건의 카페 장비를 수리해 온 경험을 바탕으로, 현재도 많은 카페 사장님들에게 실질적인 도움을 주고 있다.

비키북스는 여러분의 아이디어와
원고 투고를 환영합니다.
Email : vickybooks@vw.studio

'어쩌다 카페' 책 내용에 대한 문의는
kotra001@naver.com 으로
보내주세요.

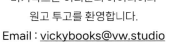